书籍版式设计

夏 楠 著

天津出版传媒集团

天津人民美术出版社

图书在版编目（CIP）数据

书籍版式设计 / 夏楠著． -- 天津 ： 天津人民美术
出版社，2023.5
ISBN 978-7-5729-1081-4

Ⅰ．①书… Ⅱ．①夏… Ⅲ．①书籍－版式－设计
Ⅳ．①TS881

中国国家版本馆CIP数据核字(2023)第091042号

书籍版式设计
SHUJI BANSHI SHEJI

出 版 人： 杨惠东
责任编辑： 李　健
助理编辑： 胥晓娜
技术编辑： 何国起　姚德旺
出版发行： 天津人民美术出版社
社　　址： 天津市和平区马场道 150 号
邮　　编： 300050
电　　话： (022) 58352900
网　　址： http://www.tjrm.cn
经　　销： 全国新华书店
印　　刷： 定州启航印刷有限公司
开　　本： 700 毫米×1000 毫米　1/16
版　　次： 2023 年 5 月第 1 版　第 1 次印刷
印　　张： 11.75
印　　数： 1—500
定　　价： 69.80 元

前言

在人类数千年的文明进程中，文字一直占有举足轻重的位置，对文明的传承和发展发挥着不可替代的作用，而书籍作为文字汇集的主阵地，自然也就成了这一载体，它有力地推动了全球文化的发展与交流，在东西方两种不同的文化背景下，其版式设计给本民族人民带来了不同的心理感受。

书籍的版式设计是对文字、图片等不同的形式要素进行分析和重构的过程，图书的版式甚至影响到一本书的基本框架。通过对图书版面设计中视觉心理规律的研究，可以更好的把握图书版面设计的规律与特征，进而指导图书版面设计的创新与提升。

版式规律就是对阅读过程中视觉规则的科学研究。也就是说，图书设计者们在进行页面设计的时候，必须要遵循大众视觉规律，并且要与读者的日常阅读习惯相一致，不能给阅读带来任何的阻碍，不然就是一个失败的设计。版面艺术就是在版面设计中利用各种元素和符号设计，以达到让读者和书本产生心理共鸣的目的，并将设计人员自己的情感融入到版面设计中。在设计的过程中，设计师利用了各种形式的点，线，面，色彩，形状，肌理等视觉元素，并把它们转变成一种与读者共同分享的情绪体验，从而引起读者的共鸣。因此，图书的版面设计不仅仅是一种单纯的文字编排，更是一种以情感人的艺术，它是一种让设计者和读者在心理上沟通的艺术。

　　在图书设计中，版式设计是重中之重，也是根本，一部图书的总体结构，除了封面、书脊、勒口等等之外，最主要的就是版式。除此之外，版式也是能够直接向读者传达最多信息的一种方式，要想让读者感受到更多的信息，就必须要让每个设计师都对人们的视觉习惯和心理特征有所了解。本书从该角度出发探索了人的视觉规律对图书版式设计的影响，目的是要解决在今天这样一个信息繁杂的世界里，怎样把图书的信息更快速、更高效地向读者传达，我们必须要在对人们的视觉心理和习惯规律有一个全面的认识之后，才能安排出一个合理、舒适的版面。

目录

CONTENTS

第一章
版式设计的基本知识

本章主要介绍版式设计的基本知识，包括版式设计概述、版式设计三元素、版式设计三要素以及版式设计流程四个部分，涉及版式设计的概念和应用范围；点、线、面等元素在版面中的体现；文字、图形、色彩等要素在版面中的应用等。为给读者一个直观的感受，本章列举了大量优秀的版面设计案例辅助说明。

第一节　版式设计概述

一、版式设计的概念

"版式"指的是版面的格式，是有规划地编排、设计事物形态的一种规则的统称，为的是能够突出主题，使主题各元素以新颖的形式展现在大众面前，让观者能够在最短的时间内注意、了解完整且清晰的信息，实现形式与内容的有效统一。

版式设计属于平面设计的一个分支，从艺术设计的相关资料中显示，版式设计也叫版式编排，注重的是版式中的文字、图像、色彩等各要素相互组合，展现出美观的功能性。此外，版式所呈现出的视觉效果一方面来源于设计师对版式元素的协调与展现，另一方面来源于版式元素与观者产生的主观遐想与情感共鸣。

通常情况下，报纸、杂志等领域需要版式来设计页面，甚至很多人将此视为模板，认为版式设计只是一个固定的形式，只需要用专业工具完成操作即可，无所谓设计与否，这样的理解过于片面。版式设计属于技术与美的结合，首先技术是基础，有了技术的支撑才能够将艺术美呈现出来，因此美是创作的最终产物。

随着科技的发展，版式设计不再局限于报纸、杂志、海报等媒介，在多媒体、企业宣传等领域也广泛涉及，如网站、POP、包装等，同时它也成为衡量艺术创作是否成功的重要标准，影响着整个设计的视觉效果。

当前，版式设计被归纳在书籍装帧课程中，虽然说其设计的内容更加精准了，但也缩小了版式设计的范围。随着视觉导入平面的类别增加，版式设计也应该具有一定的独立性，这是因为任何一个形态的平面空间都存在视觉要素，对视觉要素进行合理、有序的编排可以直接影响版式信息能否直观、清楚地传达给大众，富有感染力的视觉效果无疑能够在夺目性上占主动优势。如图 1-1，这是一个以保护动物为主题的海报设计，其元素包括汉字、英文、图形，将这些元素相互融合形成一个动物的形象，能够瞬间引起读者的注意，产生共鸣，从而达到海报内容呈现的目的。

图 1-1　版式设计 1

二、版式设计的应用范围

报纸、期刊、网页等媒介几乎每天都与观众见面，其所呈现的视觉符号及情感文化都在不经意间传递着品牌的价值与影响力，而版式与其编排的内容则成为最直接的宣传媒介。不同艺术学科的渗透和影响，使版式设计成为一门综合性较强的设计门类，不仅如此，版式设计也是平面设计中最重要且最具代表性的分支。

不同于以往纸质媒介，广告、多媒体、网页等新型媒介使大众逐渐进入了一个以视觉为主体的信息时代，这也说明了材料与技术的改变和创新已经不能满足日常需求，以版式设计为例，其页面中各元素构成形式的创新成为大众喜闻乐见的新颖体验。当然，版式设计的构成形式也要结合材料的创新，在此基础上协调技术与美学的关系，使其达到完美的状态，如图1-2。

图1-2　版式设计2

第二节 版式设计三元素

点、线、面是设计中最常运用的元素，它们彼此间可以相互转化。在版式设计中，常见的元素有文字、分割线、图片以及各种颜色的图形，我们可以将这些视为点、线、面的不同形态，将其合理有序地排列在版式设计中，在产生艺术美的同时高效传达着信息。

一、点

版式设计中点的大小及范围，并没有一个明确的规定，主要根据与周边颜色的对比产生的比例效果而决定。点是设计三元素中最小的一个，其形态、方向、大小都是随情况而设定。另外在版式设计中点的位置也能带给人不同的感受，如图 1-3。当点出现在版式的正中间时能够给人一种和谐、稳定的视觉效果；而当点处于版式的顶部时会给人一种即将下降坠落的不稳定感受；同理，当点处于版式的下方时，由于上部空间过大，给人一种即将上升的感受；而当点处于版式的左方和右方时又能够呈现出一种即将向中心运动的趋势。

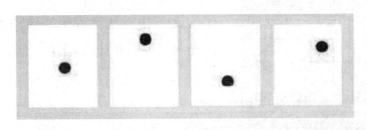

图 1-3 版式设计中的点元素 1

虽然说点的大小、形状、式样没有明确的规则，但是点的不同形态带给各人的视觉心理也是不同的，例如图1-3中一个点具有紧张性。但在一个版式中间存在一个具有特征的点视觉元素很容易吸引观众的目光，形成一个视觉中心。根据这一特征，设计师可以利用这个点来突出版式的主题。如图1-4，版式以茶杯的造型作为吸睛的视觉元素，而在版式的右方又以两个圆点作为文字的引符，能够直接将读者的目光牵引至版式右侧的文字上。版式设计中也经常出现全部以文字为元素，然而密密麻麻的文字也可以利用点元素来对版式进行切分与隔断，如图1-5，该版式中三个橙色的方块可视为点，全版的文字元素由于借助了

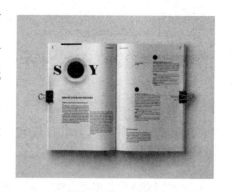

图1-4 版式设计中的点元素2

图1-5 版式设计中的点元素3

图1-6 版式设计中的点元素4

色彩图形，巧妙划分了版式。生活中大家常常用近大远小来比喻物体的大小，而版式设计中不同的点也能够给人呈现出远近不同的视觉效果。这样的方式能够使版式变得生动、活泼，富有立体感，如图1-6，该版式中橙色的不规则点元素的形状、大小不一，随机散落在版式中间，趣味感十足。如果说元素的不规则排列会带给人活泼、灵动的气息，而元

图 1-7 版式设计中的点元素 5

素的规则排列又会让观者感到舒适，如图 1-7，以点元素为例，这是一封宣传卡片，该卡片分为了四个分版式，每个版式彼此相互产生关联，无论是色彩还是物体的形态都达到了统一的视觉效果，色彩上以两至三种颜色为基本色彩，其他色彩也与物体的形态相吻合，特别是版式的第一页镂空设计映衬了第二页版式的树叶元素，又留出一片区域以白色的图案填充，贴合了第四页版式的色彩，整体上和谐统一。

版式设计中点元素的运用主要分为密集型和分散型，其中密集型的运用虽然存在数量较多的点元素，但是在编排布局上并不会因为数量的密集而产生混乱的版式效果，例如，将各元素进行穿插、透叠的形

图 1-8 版式设计中的点元素 6

式设计。此外将各元素按类别划分，形成疏密结合的式样，如图1-8。该版式设计采用了上疏下密的形式。首先图案中的各元素灵动、趣味地协和在一起，形成了一个生动的生活场景，吸引观众的目光。其次在版式的中间又以文字的形式整齐排列，展现版式预说明的详细内容。最后在版式的下方以相对宽松的形式利用图案缓解了文字带来的视觉疲劳。

元素堆叠在一起产生一种膨胀或拥挤的感受，但是能够加强版式的整体效果。分散型是指将版式中的所有元素进行分散处理，使整个版式中的每一处位置都有元素，为画面营造饱满的视觉效果。当然前提是版式中的元素相对统一，若版式中存在多个元素，则要考虑版式的主题，根据元素的性质决定密集或分散的排列方式。同时也要注意各元素中的关联性，要避免过于混乱的视觉效果，以免影响版式主题的信息传达。

二、线

线是点元素运动的痕迹。图1-9展示的是线的运动轨迹，其排列相对稀疏，但隐约可以看到线的生成。线是一个过长的形，由于长和宽形成了极大的对比便出现了线。版式设计中线的形态有运动和静止两种，但线的形态有无数种搭配形式，可以由颜色、边框甚至是固定的形状和装饰物来决定线的排列组合，如图1-10。该版式以男子的侧面头像剪影作为线的轮廓，其英文字母的边缘线随着人头像的侧面形态而进行了抽象改变。线元素与图案的完美结合也为画面制造了灵动感。点元素可以用于切分版式，线元素则更加适用于画面的切割与元素联系，如图1-11。

图 1-9　版式设计中的线元素 1　　　　图 1-10　版式设计中的线元素 2

　　线的基本类型有平行线、斜线、折线和垂直线等。平行线、斜线、折线和垂线都属于直线，版式设计中的直线给人一种硬朗、理性的视觉感受，如图 1-12。该版式设计包括四个分版式，将其重叠后形成一个繁体汉字"無"，将版式展开后，能够看到线元素的流动轨迹，其尖锐式样的线条整齐均衡地排列，秩序井然。除了直线外版式设计中的曲线也是常见的一种线形，曲线的形态分为有规律和无规律两种，但无论曲线是否有规律，都能够呈现出柔美动感的视觉感受，如图 1-13。该版式设计中的线条转弯处以圆弧的形状连接，充满着柔美可爱气息，该线条属于有限线条。在版式设计中以一个完整的形态呈现。而线条也有无限的式样，无线线条很容易使人产生一种朦胧美，无线线条的线具有延展性，很容易给读者产生想象的空间，在版式设计中常常以遮挡或延伸的形式出现，如图 1-14。

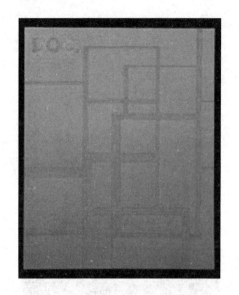

图 1-11　版式设计中的线元素 3

图 1-12　版式设计中的线元素 4

图 1-13　版式设计中的线元素 5

图 1-14　版式设计中的线元素 6

　　线的不同式样会带给人不同的心理感受。版式设计中水平的线呈现出稳定的效果，垂直的线有一种正式、崇高的感受，倾斜的线多以运动感著称，具有极强的不稳定性。此外，线条的粗细长短所呈现的视觉心理也不同，如较粗的线条在某种程度上能够更加吸引大众的目光，但容易给人笨重、稳固的感受；较细的线条虽然不能瞬间吸引目光，但属于耐看型，特别是一些细节处的刻画，优雅感十足，同时细线条展现出的精致也是粗线条无法比拟的，如图 1-15。线的空间感需要依靠图形与图案来塑造，通常情况下要求线元素的运用要有一个具象的图形依托，过于抽象化容易干扰线元素的空间形态，同时应有其他图案与之配合，丰富空间的立体效果，如图 1-16。

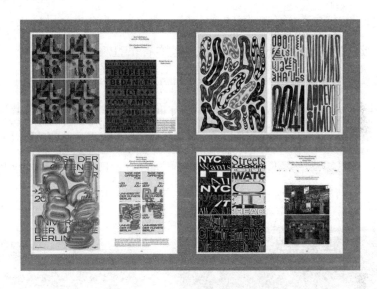

图 1-15　版式设计中的线元素 7

图 1-16　版式设计中的线元素 8

三、面

当点和线足够密集时便形成了面，面的形态具有多样化特性，式样不同，呈现的视觉效果也不同，秩序井然且有规则的面，会给人一种稳定踏实的感觉，使人看着舒心，信任感十足，而不规则的面会呈现出一种轻松、多变的视觉效果，动态感十足，易引起读者的想象，如图1-17、图 1-18。这两个版式展示的就是不同式样的面元素所呈现的不同视觉效果图。1-17利用了点元素与线元素的融合，将面中的物体形态映衬出来。而图1-18展示的版式中点元素运用较多，包括方形、圆形、三角形以及线性等多种形态，将这些元素汇集到一起形成了面，由于没有明确的纹理走向和图案模板，使其富有灵动美，增加了读者的想象空间，极具趣味。

图 1-17　版式设计中的线元素 9　　　　图 1-18　版式设计中的线元素 10

版式中面的分割需要借助线元素来完成，其分割的式样也包括规整与不规整两种，规整即能够明显看出正方形、圆形、三角形等几何形态，或是具象的物体轮廓。不规整指无法明确看出几何形态但能借助版式中的内容，通过内容的分割线看到版式的划分，如图 1-19、图 1-20。图 1-19利用线元素将版式切割成了若干个三角形，并且三角形有秩序排列，呈现出一种严谨、工整的版式效果。图 1-20 以一幅场景图作为版式内容，画面中以牛奶填充的河流作为主要分界线，搭配蓝色的天空与绿色的草地，使版式自然地分成了四个部分，四个部分在画面中的占比相差不大，不规则面的分割使画面保留了秩序美，同时增添了灵动的韵味，使观者印象深刻。

图 1-19　版式设计中的线元素 11　　　　图 1-20　版式设计中的线元素 12

四、其他编排要素

（一）肌理效果

肌理效果指物体表面的纹理、质感、质地等给人的感受。不同的材质有自己专属的物质属性，呈现出的肌理视觉效果不同。版式中肌理效果的运用能够使画面富有层次感，展现出内容与形式的统一，极具震撼力。

视觉肌理一般指不用手或身体直接触碰，用眼睛看产生的视觉体验。肌理的塑造由诸多因素决定，首先在材料上，毛笔、喷笔、彩笔等都能形成不同的肌理痕迹。其次在技法上，绘画、染色、淋泼、剪切等手法也能够使其产生不一样的肌理纹样，最后肌理作用的材料，木头、石头、玻璃、纸张、化学试剂等都对肌理的走向有一定的影响。版式设计中巧妙运用肌理效果能够使其具有情感特征，用于呈现不同的主题，从某种程度上说版式中的图画需要借助肌理来强化视觉效果，例如，恐怖主题的版式运用陈旧、古老的立体纹理式样更能营造恐怖气氛，如图 1-21。另外，纹理的走向也吸引着读者的目光，帮助大众顺着走势理解图案的造型，例如，毕加索著名的作品《星空》。各类肌理效果的版式如图 1-22～1-24。

图 1-21　版式设计中的肌理效果 1

图 1-22　版式设计中的肌理效果 2

图 1-23 版式设计中的肌理效果 3　　　　　图 1-24 版式设计中的肌理效果 4

(二) 色彩效果

色彩是艺术设计中最常运用的一种设计元素，我们看到的色彩是人类在正常情况下通过光源与人体器官相互作用产生的自然现象。不同于立体物件，版式设计不存在多角度的反光现象，当然 3D 效果与特殊表面材料除外。因此，版式中的色彩效果更加注重自身色彩与组合色彩的视觉美，不同的色彩搭配在一起会产生不同的心理感受，整体上看版式色彩的运用主要考虑色彩间的对比与和谐关系，如图 1-25～图 1-27。

图 1-25 版式设计中的强对比色彩效果

图 1-26　版式设计中的和谐统一色彩效果

图 1-27　版式设计中色彩的配色效果

第三节　版式设计三要素

版式设计中的文字、图形与色彩是常见的设计三要素，运用时三者相互作用。

一、文字

文字是版式设计编排中的最主要功能，以传达信息为主。另外，文字具有再编辑能力，也就是说在版式设计中，可以用文字来代替图形，对文字进行抽象变形，形成特定的视觉符号，这样的版面具有的特点和自身的优势，能够在很大程度上吸引观众的目光。字体的选择在版面设计中尤为重要，主要是因为读者要通过阅读文字来了解信息内容，然而过于密集或没有艺术特色的字体往往使读者感到厌烦，无法耐心了解内容，因此版式设计中的文字要有标题、副标题、正文、小注等多个类别的区分，以便突出重点。此外，也要根据文字内容的重要性，选择适当的艺术字体效果突出表现，正文的字体要以简洁细腻且统一的字体为主。

不同的字体表现出不同的风格和款式，传达不同的性格和特征。因此在设计上要考虑字体的风格是否与版面的整体风格以及主题、内容相一致，切不可出现不吻合的情况。

版式设计中若出现图片作品则该作品的周围不宜有过多的字体出现，以免产生喧宾夺主的感受，通常要对这些字体进行精简化，大约两三种左右比较合适。标题一般以较粗的字体为主，能够起到吸引读者的作用。中文的字体一般不要多样化，多为简洁、笔画较细的样式组合。另外，字距与行距的关系要特别注意，过于密集容易产生烦躁感，过于宽松则会影响读者的阅读速度。版式设计中，文章正文的字号通常为7～10号，英文为9～12号。对齐方式多为左对齐，这适用于大多数人的阅读习惯，而右对齐和中心对齐等字体设计的方式运用要遵循主题、内容，若为中式风格则中心对齐式样最能够给人营造一种传统、庄严、经典的视觉感受。

任何事物只要与观众产生共鸣就能够吸引和激发大众的注意力并产生感染力。版式设计中的文字也要通过一些装饰来达到吸睛的目的，但是也要注意要以正确的方式博人眼球。切不可为了产生夺目的效果而刻意改变内容的原意，甚至忽略掉文字效果与内容的匹配，特别是一些装饰性的字体，很容易破坏信息的传达。设计师对文字的设计首先要从内容出发，在遵循主题内容不变的情况下进行装饰创新。在对文字进行装饰过程中还要注意协调与对比关系。通常情况下，一种简洁的字体与一种装饰性的字体最能够达到协调效果，并且能够使版面中的文字具有层次感，过多的装饰反而产生一种混乱的视觉效果。

版面设计中的文字在起到装饰作用的同时也能够起到一定的辅助作用，例如，作品内容以可爱童趣为主，则文字以圆润卡通的式样出现能够帮助读者第一时间定义版面的内容，在阅读文字之前首先为读者营造了良好的视觉美感和美的享受，利用文字让人产生愉悦和舒适的心理感受，如图 1-28。

图 1-28　版式设计中文字要素的运用

二、图形

版式设计中的图形是文字之外最能够直观表达主题内容的要素符号，甚至说图形比文字的传达效率更精准。图形在版面设计中是不可或缺的一个元素，有了图形的出现能够使平淡的画面变得丰富而明确，增强画面指示效果。但是版式设计中的图形位置和大小要特别注意，同时也要注意图与图之间的位置关系，一般情况下，图形多以散点组合和块状组合的形式分布。散点式样的图形之间相对分散，这样的视觉效果比较自由、明快，同时能够使文字与图片完美地结合，便于读者阅读，富有亲和力。而块状组合比较注重图与图之间的排布关系，例如，利用水平线、直线或垂线对图形进行分割，使所有图形形成一个大的整体，这样的排版效果比较突出图形而非文字，但是能够呈现出惊艳的艺术效果。

在版式设计中图形是最能够呈现出文字内涵的一个要素，在吸引读者目光的同时辅助文字要素，帮助读者理解文字内容。图形的大小和位置要严格按照主次分明的设计规律来设计，一般将能够吸引读者的图片放大，缩小其他的辅助图案。

图形的运用多以直接和抽象两种方式运用，直接运用是将图形以方形、三角形或常见的几何图形为框架，让图片与图形完美贴合，并插入版面设计中。而抽象图形运用具有十分明显的艺术效果，一般以图片的轮廓以及一些艺术处理效果来呈现。不过，这样的视觉效果虽然最为吸睛，但是在运用上要注意其与文字之间的关联，因为不规则的图形若以方正的空白模板来设定填充空白区域则会显得有些突兀，若使文字与图形紧密联系则要顾及文字的阅读方便以及文字与图片的关系和谐，如图 1-29。

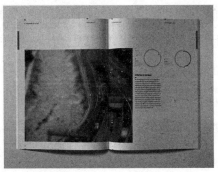

图 1-29 版式设计中图形要素的运用

三、色彩

如果说图形是版式设计中最能够引人注目的要素，那么色彩依附于图形上则更具备直观的意义，色彩应用的好坏可以直接影响到作品的最终效果。人们在看到一幅版式设计作品时首先会被图片和色彩所吸引，图片中运用的色彩会帮助人们定义该版式设计的内容，但是图片有大小之分，那么色彩也有多少之分。除此之外版面的色彩既能够达到衬托的作用，又可以起到锦上添花的功效，可丰富版面的整体效果。因此，设计师要注重把握版式设计中的色彩应用。

版式中运用色彩首先要考虑画面的整体效果，另外色彩对人有强烈的心理暗示，也要考虑色彩运用是否能够满足或贴合人的心理需求。色彩能够反映人的冷暖好恶，极具影响力。由于社会环境的影响，人们对同一色彩的感受大体上是一致的，譬如红色使人感到烦躁和热情；蓝色使人感到神秘和冰冷；绿色让人感到舒适和自然。在艺术设计中，色彩的组合搭配也是最常被运用的一种色彩形式，经过不断的融合与创新，组合色彩也被沿用进版面设计中，例如，菜单和点餐软件页面几乎都用明艳的颜色来装点，黄色、橙色、棕色等，这些颜色很容易激发人的食欲。此外，对比色或互补色能够制造强烈的冲突感，迫使人的目光集中于版式页面中，如红色与绿色的搭配、黄色与紫色的搭配等。因此在色彩的运用上，设计人员要了解人类对色彩的感知作用，同时也要了解受作用群体的一些文化习俗，避免出现色彩产生的信仰和民族冲突问题。例如，红色在中国被誉为吉祥、喜庆的象征，而在部分西方国家被誉为血液、危险的颜色；再如，红色在北美的股票市场表示股价的下跌，在东亚的市场却表示股价上升。

研究表明，人们在拿到一个版面或平面时首先会看到颜色，颜色的选择可以保证文字易读性，例如，以黑白灰为主要色彩的版面会使人产生一种压抑的心理，很难激起读者的阅读兴趣。这主要是因为黑白灰属于无彩色，无彩色的色调调节作用较弱。虽然白底黑字符合大众的阅读习惯，但是随着生活水平的提高，人们的兴趣越来越多元化，大众渴望在版面设计中看到丰富多样和具有特色的装饰色彩。因此，无彩色已经不适用于当下大众群体的阅读需求，所以为顺应社会时代的发展，版面设计中的色彩运用要遵循以下几点：首先，背景颜色与文字的颜色要有所区别，强烈的对比能够增强文字的易读性；其次，互补色能够让读者的视觉产生平衡、舒适的感受，对比色能够瞬间吸引观众的目光，因此可用互补色和对比色来凸显文字的重点，但是要注意该色彩的运用要保证版面的效果统一；最后，在相同的背景上可借助字体色与背景色的对比来增强对比效果，突出主体内容。

版式设计中的色彩牵动了版式设计中各元素的组成规律，可以说它具有极强的组织能力，为字体上色或改变图片的色调，将不统一或位置分布杂乱的版面视觉效果变得和谐、统一，它决定着版式设计的各个环节与构成元素。设计人员在设计中要全方位考虑色彩的运用分寸，保证能够协调好各要素之间的关系，使版面浑然一体、层次分明、主次有序，为大众的阅读与观赏提供便捷与舒适，如图 1-30。

图 1-30　版式设计中色彩要素的运用

第四节　版式设计的流程

一、了解项目内容

设计者首先应了解设计项目的主题，根据主题筛选合适的元素，并考虑应以哪种方式来完成版式与布局和色彩的衔接，了解项目内容才能设计出与之适合的版面造型。

二、明确传播内容信息

版式设计的主要任务是向大众传达信息，其版面中的文字、图片、色彩等元素的运用既要保持搭配合理又要体现艺术美感。这一环节设计者应充分了解项目的主要内容和突出的重点，以此为基准规划版面中各要素的位置。

三、明确目标用户

版式设计的类型众多，活泼有趣、传统古典、大量留白、严谨工整等都是版式设计中常见的类型，不同的年龄群体或消费群体有着不同的版式需求。设计者切忌盲目或随意跟风热门版式模板，应着重考虑目标用户的情感特点，如儿童主题的版式应以色彩明艳、图形生动、文字圆润等式样设计；年轻群体应以时尚感与个性感十足的画风设计版面；若目标群体为老年人，则版面设计不宜过分夸张，字体可适当放大，以适应老年群体的需求。所以，设计者在进行版式设计前应对目标用户进行全面的调研，充分了解群体的需求。

四、明确设计宗旨与要求

设计宗旨指版面想要传达的意思和信息，以汽车品牌的宣传页版式为例，汽车想要表达的是时尚感与速度感，则版式设计在色彩上不宜过多，且色彩以纯色最佳，过多或黯淡的色彩很容易显得风俗化。此外在版式的布局上可选用倾斜线或有棱角的图形为框架，这样的造型可以表现出速度感。再如以食物为主题的版面设计需要用大量的美食照片充盈画面，这时候文字应作为补充内容，并以精简为主。

一些主题的版式设计有明确的设计要求，如说明类主题，在版式设计上应注意文字与图片的位置关系，通常情况下左右布局和上下布局是最常见的位置排列方式，能够展现出版面简洁、直观的效果。

五、图纸设计

图纸设计需要设计者首先明确设计要素，了解主题，熟悉背景，确定设计方案与风格；其次在草稿上手绘各元素的大致位置，确定内容的比例；再次，调整整个版面内容的结构，明确了版面的编排后，将整理好的要素融合至版面中，获得平衡的视觉效果；最后在调整细节部分，确定版式整体效果和谐、统一。

第二章
版式设计基本原理

　　本章主要介绍版式设计的基本原理，包括版式设计原则、版面率的设计以及版式设计的视觉流程等三大部分，涉及版式设计的顺序、版面率的变化以及曲直线、重心、导向性、重复、散点等式样对版面的视觉效果。另外，为了让读者有一个清晰的认识，本章列举了大量优秀的版式设计作品供读者欣赏。

第一节 版式设计的规则

一、版面率

四周留白量对页面版式的安排有非常重要的作用，即使是同样的文字也可以对本版面呈现出来的视觉产生不同的效果。例如，将版面中的图片和文字元素随机安排位置，则营造出来的版面除了具有饱满的效果外也充满着随意的感觉。

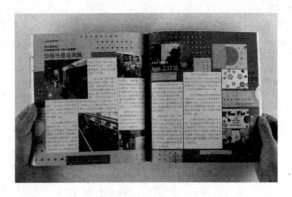

图 2-1　版面率 1

若将版面中的内容进行有序的排列则会呈现出工整、严谨的氛围，如图 2-1、图 2-2。版面率指的是版面中的元素占据面积，面积越大版面率越高。面积越小则版面率越低。图 2-1 的版式设计采用了全屏的形式，色彩填充在版面的每一处，而中间空白的文字背景就好像白色的插图，如果将白色部分看成图片而非白色的背景，那么该版面率就达到了百分之百。图 2-2 展示的图片中以白色为背景，白色是版式背景中最为常见的色彩，图片与文字元素均匀整齐地排列在版面中，为了版面的艺术美，版面中的空白部分有所保留，虽然不及图 2-1 的版面运用率高，但也有着较高的版面率。图 2-3 版面设计中只有少量文字和图形，线条的纤细与零星的文字占据版面中较小的部分，因此该版面的使用率较低。

图 2-2　版面率 2

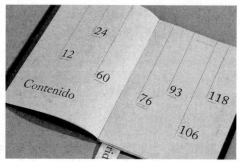

图 2-3　版面率 3

二、版式设计的顺序

版式设计的顺序受多方面因素影响，包括图片和文字的大小、数量、样式以及色彩之间的协调搭配等，这种情况更多应用在图片、文字和色彩个性感强烈的情况下，而有些设计元素相对单调，针对这种情况可以在版式中加入辅助线，起导向和分割的作用，如图 2-4、图 2-5。这两个版式中，运用了较细的线条将版面进行了分割，对版面中的元素进行了归类。另外，纤细线条的设计既没有占据过多的版面空间又丰富了版面的视觉效果。

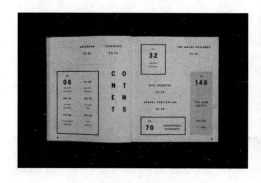

图 2-4　版面率 4

图 2-5　版面率 5

三、内容对版面的影响

版面的内容对版面的设定有一定的影响，特别是图片因素，若图片为横版或方形，而版式为长方形，就需要对图片进行放大或缩小处理，而图片的位置摆放也要考虑版面的整体效果，将内容放置于版面中间或版面三分之二的面积，必要时可以跨过装订线，如图 2-6。

图 2-6　内容对版面的影响

第二节　版面率的设计

一、增加版面率

增加率的方式有两种，一种是通过放大版面中的各个要素，另一种是通过添加背景色赋予画面灵动感。页面四周的留白面积越小，版面越大，版面率越高，页面中信息量的增加能够使版面显得饱满、热闹，这是高版面率的一大特征。图 2-7 的版式设计中对文字元素进行了放大处理，版面的中间装订缝线区域有大量的空白，该版式在空白处做了一条弧线，连接左右两个版面，使整个画面中虽然设计要素不多但相对饱满。图 2-8 的版式设计在背景上添加了淡粉色，为整个版式赋予了色彩趣味。

图 2-7　增加版面率 1　　　　　　　　图 2-8　增加版面率 2

二、降低版面率

同理，页面四周的留白面积越大，版面就越小，版面率越低，页面中信息量的减少能够使版面营造出一种高级、典雅的氛围，这是低版面率的一大特征。降低版面率的方式可以将版式中的元素进行缩小处理或褪去版面的背景色，如图 2-9，该版式设

图 2-9　降低版面率

计中左半边的图片相对较小，为页面空留出了大量空间，降低了版面利用率。

三、文字与图形的面积控制

通过改变版面中图形面积的大小也可以在一定程度上控制版面率。然而，图形面积的大小并不一定是放大或缩小处理，也可以进行旋转或错位处理。这样的处理形式更容易提升版面的利用率，如图 2-10、图 2-11。图 2-10 的版式对文字元素进行了错位处理，该文字占据四行空间，但是文字在每行的位置均不统一于同一条垂直线。长短不一的文字为画面注入了灵动感，同时也填满了文字所处区域的空间面积。图 2-11 版式以介绍产品为主题，通过对图形的旋转，扩大了图形所处的空间位置，使图形的周边虽然没有其他元素填入，但仍在视觉上显得和谐、舒适。

图 2-10　文字面积控制　　　　　　　　图 2-11　图形面积控制

四、背景色彩调整

若版面中的各种要素相对较少，也可以通过调节背景色彩改变版面率。背景的设计可以让图片以满版的形式出现，也可以添加纹理和色彩，使其产生与白色背景不同的画面感受，如图 2-12。该版式中背景为粉色且存在网格纹理，这样的设计使原本较低的版面率提升至百分之百。

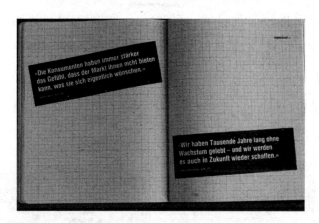

图 2-12　较低版面率

第三节　版式设计的视觉流程

一、直线

　　版式设计中的直线具有直击主题的作用，形式单纯且冲击力较强。一般情况下，直线视觉流程根据线的排列位置可以分为横向、纵向、斜向等。图 2-13 的版式采用了纵向的排列方式进行布局，将文字、图形元素以及线条的走向呈垂直排列，根据画面中字体符号的大小变化可以看出页面的视觉流程自右至左。根据现代人对文字的阅读习惯，一般情况下画面中若文字元素都以横向方式排列，则看上去相对舒适，若版面中的文字多以纵向的形式排列，则容易营造出一种漂浮不稳定的视觉感受，为了稳定画面的视线走向和平衡画面关系，版面左半边以横向的方式排列了四个汉字，一方面为了填补空白处的缝隙，另一方面也使整个版面中的直线视觉流程达到平衡的状态。除了横向与纵向的直线视觉流程外，斜线视觉流程也是较为常见的一种形态，如图 2-14。该版式中的元素自左下向右上倾斜排列，形成斜向视觉流程，使整个版面具有不稳定的特性。为了与右半边满版形式的图案进行平衡对比，左版面的左上及右下空白处填充了横向文字，这样整体看上去既给人一种工整的感觉又不乏趣味感。

 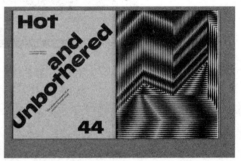

图 2-13　直线视觉流程 1　　　　　　图 2-14　直线视觉流程 2

二、曲线

曲线视觉流程的样式丰富多样，有着较大的选择空间。相比于直线，曲线视觉流程在版式中的应用具有一定的审美意义。通常情况下，曲线包括有机曲线和无机曲线两种。有机曲线具有生命的特征，可以通过手绘形式绘画而成，其造型状态往往随意感强，如树叶的形状、动物的体态，水流的动感等，充满活力。不过有机曲线在版式设计中的应用要求设计师能够整体把控版式布局。因为有机曲线图形灵活多样，自主性和个性化强烈，因此在版面中的位置要与周边环境相协调，如图 2-15。该版式选用了树叶为设计元素，树叶的枝叶走向及外部轮廓整体呈现出一种圆弧的形状，将其放置于版面的正中央使整个版面散发出一种蓬勃向上的生命力。此外，将树叶放置于版面的右上角部分又可以呈现出一种树叶即将扩散的视觉感，生动形象。水流的走向可以受外界条件影响产生变化，其形态多样，如图2-16。该版式以水流为设计元素，根据水流的走向轮廓对文字的位置进行布局，使文字迸发出激进的情绪。无机曲线指的是可以通过常规工具绘制而成的曲线形态，如圆形、S形、抛物线形等。有机曲线具有规律性，可以展现版式的工整感，如图2-17。该版式以圆形为设计元素，在圆上插入图片，使图片产生了一种若隐若现的隐约美，整体上看表现形式具有新意，节奏感更强。

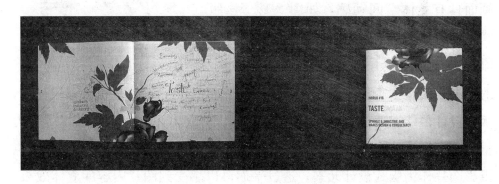

图2-15　曲线视觉流程1

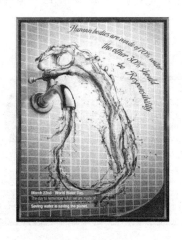

图2-16　曲线视觉流程2

图2-17　曲线视觉流程3

三、重心

版式设计中的重心指的是视觉重心，在视觉流程中，以视觉重心为中心展开版式设计，可以根据力学原理进行编排处理。通常情况下，重心包括向心、离心和顺时针旋转、逆时针旋转等四个方面。重心作为版式设计流程，可以突出主题内容，使画面具有立体空间动感，如图 2-18。该版式重心位于画面的右上角，版式中的视觉流程由右上向左下进行扩散，呈近大远小

图 2-18　重心视觉流程 1

的效果，使整个版面主题鲜明、生动。除了二维空间的重心视觉流程外，版式设计也能够通过插入图片来展现重心，突出主题，从而赋予版面力量感，但图片一定要具有强烈的空间感，如图 2-19。这两个款式分别以摄影图片作为版式设计元素，透过平面可以感受到图片内容的立体效果。第一个版式的重心位于版面的中下部，第二个版式通过对物件的罗列堆叠使其中心位于画面的底部。

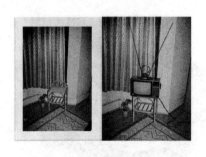 

图 2-19　重心视觉流程 2

四、导向性

版式设计中的导向性视觉流程具有一定的牵引作用，通过运用一些手法引导读者的视线，促使读者按照设计者的思路贯穿版面内容。导向性视觉流程分为两个类型，一种是以点或线元素贯穿于整个页面，如图2-20～图2-22，图2-20和图2-21是以线为导向性元素进行设计，图2-20以点的形式对版面进行了导向指引，根据人的视线阅读顺序，将圆点横向排列，指引读者自觉向右浏览内容。图2-21版式以立体空间效果的式样呈现，根据导向线的位置走向分块了解版面内容，对内容进行分类阅读，并根据主题内容对版面中人物的运动走向有一个直观的呈现。在图2-22版式中读者可以根据线的走向了解阅读顺序，这样的导向形式多用于文字主题较多的内容，如历史时间节点、人物传记年代划分等。另一种是借助点和线的引导，将画面进行切割，使读者的视线从版面四周集中于某一点或某一线上，如图2-23。该版式以摄影图片作为主要设计元素。左版面中通过房屋黑色的轮廓线将版面进行了画面切割，左半部分通过借助色彩的差异辅助线条对版面进行布局，版面右半边的棕色方体又将较大的右边区域分割成了两个空间，使整个版式具有空间感，对读者的阅读视野进行了切分，收到工整、清晰的效果。

图 2-20　导向性视觉流程 1

图 2-21　导向性视觉流程 2

图 2-22　导向性视觉流程 3

图 2-23　导向性视觉流程 4

五、重复

　　重复指的是版式中出现多个相同或相似的时间因素，运用重复的视觉流程效果在视觉上加深读者的印象，增强记忆。若各元素以大小比例相等、排列均匀的形式表现会呈现出一种工整感，若元素呈不规则的形态或以某个物件的轮廓为基准进行排列，则具有较强的灵动感，如图2-24。该版式选用了视觉上相同与相似的元素，虽然物件的种类较多，但其色彩上相对统一，并将其有规律地摆放在画面中，呈现出一种既丰富

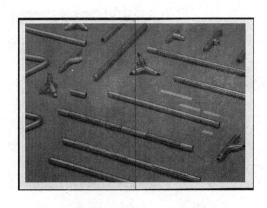

图 2-24　重复视觉流程 1

图 2-25　重复视觉流程 2

又工整的视觉效果。图 2-25 版式以书本展开的页面底部为设计的元素，根据空间关系原则将各元素进行穿插处理，使版面的表现更加自由，动感更强，同时也具有一定的条理性。

六、散点

版式设计中的散点视觉流程指的是将元素以散点的形状排列在版面中的各个位置上。散点式样的版面设计具有自由、轻快的视觉感受。虽然散点造型在视觉上看是随意编排的，但是其位置安排并不是毫无章法的，对元素位置的部署主要考虑图像的主次关系、疏密关系、大小比例、均衡形式以及视觉方向等。通常情况下也可建立水平线或者井字格，以此为基准安排图片的位置。例如，井字格大多会选用竖线和横线将版面分成三份，而井字的交叉点是版面中视觉感受最为舒适的区域，因此在视觉流程设计中应充分利用这个位置将设计内容主体安排于此。除此之外，也可选择井字格中的空白区域，在适宜的位置上安排图片的位置，但是想用这种方式对图片进行编排要考虑画面的整体感，如图 2-26。该版式设计中的图片较多，但是图片的大小和形态相近，将其均匀地分布在版面中的各个位置，再加上文字元素

图 2-26　散点视觉流程 1

对空白处的补充，使整个画面看起来饱满、生动。

常见的散点包括放射型和打散型两种，放射型指的是将版面中的元

素朝着某个方向聚集，而聚集的这个方向点就是视觉中心点，如图 2-27。该版式设计中选用了放射式样对图形进行编排，所有的元素皆有规律地向中间汇集，中间为版面的主题文字。放射型的版面设计空间感较强，从图中也可看出。通过元素近大远小的视觉规律，将其主题文字进行了空间延伸，使二维空间能够呈现出三维效果。打散型指的是将一个完整的个体分散成若干部分再对其重新组合，从而形成不同的形态效果，如图 2-28。该版式设计选用了打散设计造型对版面中的元素进行处理，用三角形的框架对图像进行切分并将元素用三角形的形态拼凑在一起，突出了版面的艺术效果，个性感十足。

图 2-27　散点视觉流程 2

图 2-28　散点视觉流程 3

第三章
版式设计的艺术形式

　　本章探讨版式设计所蕴含的艺术语言，主要从版式设计的类型以及形式特性两方面谈艺术美，涉及版式设计的布局形式，包括满版型、分割型、倾斜型、三角型、曲线型、对角型等。另外，从均衡、对称、对比、调和、反复五种形式探索版式设计的形式美。为了让读者有一个清晰的认识，本章列举了大量的优秀版式设计作品供读者欣赏。

第一节　版式设计的类型

一、满版型

满版型的版式设计版面不留固定的白边，一般借助图片做出血处理或者对版面的背景添加色彩，出血图形的边框要填充到页面的每一条边。满版设计一般用于主题为情感、个性或运动类别的版面，因为没有边框的制约，所以满版这样

图 3-1　满版型版式设计 1

的设计更容易与读者产生亲近感，便于情感与动感的发挥，如图 3-1。满版式样的设计最突出的特点就是版面的形式可以跟随内容和构图自由发挥，比较注重个性化的输出，在编排形式上也会灵活多变，造型新颖，可以充分展现出设计师的设计意图，有着明显的时代气息。以图片作为满版样式填充整个页面，文字元素会置于图片中主体内容的上下、左右或中部位置，视觉传达效果更加强烈，同时可以带给读者舒展大方的感受。满版造型的设计常用于商业广告中，是插图较多、图文并茂的招贴海报、书籍封面、个性杂志以及包装设计等题材的版式设计首选。随着科技的发展，网页设计为了展现出强烈的冲击力也越来越偏向满版型版式，但是这种式样的艺术形式并不通用于所有的

网页设计，仅仅受众于艺术类和个性感十足的网页设计。如图3-2。这两个版式以人物头像作为满版元素，其人物的表情充满神韵，通过色彩的艺术处理也为整个版面注入了版式内容格调。

图 3-2 满版型版式设计 2

二、分割型

分割型版式设计是指将版面分成上下或左右两个部分，在不同的区域安排文字和图片，这是一种相对常见的编排样式，其最突出的特点就是通过版面中元素的不同摆放位置达成视觉平衡、结构稳当的效果。一般情况下，设计者会对版面元素进行编排，表现出和谐的理性美。分割型版面常常会以一半文字一半图片的形式来布局，并且形成强烈的反差效果，即图片部分感性、充满活力，文字部分理性、相对平静。

图 3-3 分割型版式设计 1

版面上下分割型的式样如图3-3，这两个版面皆以上文字、下图片的形式进行布局，这主要是取决于文字部分内容较少，若将较少的文字处于图片的下方，则容易产生头重脚轻的视觉感。因此，若版面中的文字元素较少且要选用上下分割型的造型布局，则将文字处于版面上方、图片处于版面下方以达到视觉均衡的效果。

　　图 3-4 版面选择用了左右版面的造型对版面进行切分，左边为图片部分，右边为文字部分，虽然看上去有一种左重右轻的感觉，但是这种不平衡感仅仅是视觉上的习惯问题，为了中和对比效果文字的部分才选用了图片中所具备的颜色，从而满足视觉平衡。图 3-5 仍然为左右分割型的版式设计，但是其分割的位置处于版面的一侧，将分割的部分集中于版面的右侧，在右版面上对文字和图片进行了位置划分，即左边为文字、右边为图形。虽然半个版面中存在明显的视觉不均衡感，但结合左版面的空白部分来看，其文字与图片的面积大小在视觉上近乎相平，虽然图片占据整个版面的三分之一，但由于色调较重，给人一种沉重感，而文字和空白部分虽多但由于背景颜色较浅，给人一种轻飘飘的感觉，通过二者面积的分割也能达到一种视觉平衡。

图 3-4　分割型版式设计 2

图 3-5　分割型版式设计 3

　　除了上下和左右分割布局的式样外，还有倾斜式样的版面造型，如图 3-6。该版式分为两个版面，但是每个版面都用一条斜线进行分割，版面的分割线自右上至左下倾斜，左版面中倾斜线的上方为图形、下方为文字，在版面空白处以对角线的形式填充，使画面处于稳定的状态。除了对版式位置构造的分割外，通过图片的颜色也可以对版面进行划分，不过这一点仅仅是就图片而言，不存在空间关系，如图 3-7。该版式的封面为人物头像，通过色彩对人物头部进行了划分，即左边为红色、右边为白色，色彩的分割效果也为版面注入了魔幻魅力。

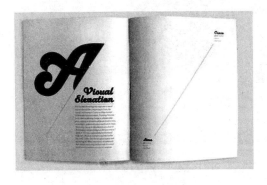

图 3-6　分割型版式设计 4

图 3-7　分割型版式设计 5

三、倾斜型

倾斜型式样的设计是一种具有动感的构图形式，页面中的要素以倾斜状的姿态放置。一般情况下，图片和文字要素以向右或向左为方向性倾斜，使读者的视线自下至上或自上至下移动，通过强烈的倾斜感吸引读者的目光。倾斜型式样的版式设计打破了画面的平衡与稳定，赋予了版面结构张力和视觉动感，所以这种式样的造型不适于官方类的版面设计，主要彰显个性化和时尚感的版式题材。以倾斜为造型进行画面布局时，画面中主体物的倾斜强度与物体的形状、方向、大小、层次等因素有关，所以在设计过程中要注意倾斜角度和重心问题。图 3-8 两个版式中主体物占据了大部分的空间面积，其倾斜幅度相对较小，这一方面是由于主体物过大无法以大幅度的倾斜式样填充在版面中，另一方面是较大的主体物若倾斜幅度过大也容易造成强烈的不稳定感。

图 3-8　倾斜型版式设计 1

　　有些版式中的主题不适合倾斜角度过大，还有些主体物特别适合倾斜角度过大的造型，这主要是根据主体物对于整个版面的比例关系来决定。例如，主体物占据整个版面适中或较小的比例，则较大的倾斜度能够彰显出艺术效果。反之，若主体物占据版面中较少的面积且倾斜幅度与额相对较小，则无法凸显倾斜型版面所具备的动感和魅力，如图 3-9。这两个版式中的主体物分别为图形、文字。主体物倾斜幅度较大，几乎呈 45°角进行布局，不过倾斜幅度越大其不稳定感越强，所以在版式设计中，通常要在另一方与之进行对称搭配，对称的形式不一定要十分精准，大体上呈现出相对的方向即可。

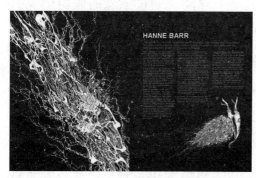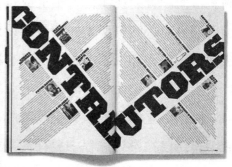

图 3-9　倾斜型版式设计 2

四、三角型

三角型式样在版面中多以三角形的状态排列，正三角具有极强的稳定性，倒三角具有活泼多变的感觉。而将三角形处于版面的左右一侧则构成一种均衡的版式效果。不过想用三角形进行版式设计要避免呆板感，针对这种情况

图 3-10　三角型版式设计 1

可以通过文字和图片来打破三角形固有的死板性，或者是改变三角形的角度造型，使其产生相对夸张的轮廓，如图 3-10。该版式中的主体物为穿着裙子的女性。人物集中于版面的左侧，裙摆随着风的方向飘至版面最右边，人物整体上以一个较尖锐的三角造型呈现。在飘向版面右侧的裙摆上方留有大量空白，空白处添加的文字元素弥补了空间的不均衡，使整个版面既存在稳定感又有活泼感。

运用三角形的式样进行版面设计要注意空间位置关系，将版面中除主体物之外的其他设计内容元素合理地分布在版面中的空白处。若版面中的三角形图案集中于版面的左侧，那么其他元素应主要填充于版面的右侧。若三角形式样出现于版面中间靠左或靠右的位置，则应将主要文字置于版面中的空白位置，而另一处较小的空白处填充少量的文字，从而达到视觉均衡，如图 3-11。

图 3-11　三角型版式设计 2

五、曲线型

　　曲线型版式需要借助版面中的线条、色彩、体形以及方向等因素实现弯曲的状态。曲线型的运用基本上都是有规律的变化，主要对图片或文字以曲线的形式进行分割，能够彰显出韵律和节奏感，这是曲线型版式设计最明显的特征。曲线型的变化要遵循美的原理法则，既要保持版面的秩序和规律，又要展现出图形的曲线效果，彰显独特性。根据版面中元素的数量和种类确定曲线的形式，曲线的形式一般分为均匀、错落、简单和复杂四种式样，并且在版式中要具有方向性，便于集中读者的视线。

　　曲线型的应用可以是线条造型也可以根据已有的圆形进行改编，在已有的基础上对图形进行艺术处理，如图 3-12。该版式设计以圆形进行设计，对圆进行了镂空处理，对线条进行了加粗设计，并且在圆形的粗线条中插入了多张照片，使

图 3-12　曲线型版式设计 1

其呈现出一种照片为底、图形在上将其映衬于画面的视觉效果，这样的曲线型设计相对工整。以圆形为基础进行抽象变形的式样如图 3-13。该版式中对主体图片进行了以圆为轮廓的旋转处理，使其产生一种明显的空间感，将人们的视线从版面的左下方延伸至版面的右上方。除了以圆为基础进行艺术造型设计外，也可以直接用线条描绘出曲线造型，如图 3-14。该版式中对主体物的顶部进行了延伸设计，将设计点引入版面的上方，充盈了版面的整体空间。

图 3-13　曲线型版式设计 2　　　　　图 3-14　曲线型版式设计 3

六、对角型

对角型属于倾斜型的一种，在画面中具有一定的稳定效果，在版面布局中通常以两种形式存在，即左上与右下、右上与左下。这种式样的造型在半版的形式中一般要在对角线的两侧空白处添加其他元素，以便稳固画面平衡。如果这种版式在整版造型中出现，往往会在版面的另一方进行对称设计，与其产生相呼应的视觉效果，如图 3-15。该版式左版面图片以左上与右下的形式进行布局，而在右版面则以右上与左下的形式进行布局。虽然在对称性上并没有完全统一，但是就整体的位置关系上看，呈现出了相对和谐稳定的效果。

图 3-15 对角型版式设计

第二节 版式设计的形式美

一、均衡美

均衡实际上就是平衡，是平面设计中版式构图最基本的原理。均衡的形式语言不受中轴线和中心点的限制，也不明确规定必须有对称的结构，只是在视觉上达到平衡的状态即可。均衡是视觉的要求，也是读者心理的需求。版面中的均衡状态要依据版面中内容的主次和强弱关系来设计完成，主要包括大小均衡、空间位置均衡以及色彩均衡等三部分。

（一）大小均衡

大小均衡指的是面积上的均衡，通过版面中文字和图形的构成元素来实现视觉上的平衡与统一，如图 3-16。该版式分为左右两版，每个版面的正中间都有若干张图片进行呼应设计。虽然这两块图片群的外部轮廓并不吻合，也不是呈对称的形式表现，但是从整体所营造的方形状态上来看，其面积相差无异，因此可以将这种状态定义为均衡。

（二）空间位置均衡

空间位置均衡是指利用版面中的构成元素在位置上形成一种视觉的平衡，以此突出主题。通常情况下，主体元素位于页面中心，视主体物为基准奠定版面框架，将其他元素填充在版面的空白部分，协调空间关系。空间位置可以以相对对称的形式呈现，也可以错位的方式呈现，如图3-17。该版式中以人物头像作为版式的主体内容，位于版面的正中央，但是对人头像进行了切分错位，在版面中进行了轻微的划分，使人头像在划分后的版面左侧处于中部靠下的位置，在版面的右侧处于中部靠上的位置。由于错位的幅度较小且面积比例适中，因此整体空间位置相对均衡。

图 3-16　版式内容的大小均衡式样

图 3-17　版式内容的空间位置均衡式样

（三）色彩均衡

因为色彩有着强烈的传达性，所以它在版式中以独立的形式展现，处理好版面的色彩关系能够有效地将信息直接传达给读者，而版面的色彩如果处理得不和谐，就会致使版面内容和主题不突出或者使读者对版面产生厌烦感。版式设计中色彩的运用主要依据色块的大小、色彩的冷暖、明度以及纯度等多种元素来设计。与此同时，要考虑色彩的均衡效果，处理好调和色的运用，使色彩达到均衡的状态。色彩均衡包括冷暖色系的运用以及色彩在版面中的位置部署。如 3-18 版式选用了黄色和蓝色为页面主色调，黄色属于暖色调，蓝色属于冷色调，由于二色的明度和纯度相对适中，因此搭配在一起并没有十分突兀的效果，显得相对和谐。此外，颜色在版面中的布局也采用了左右均衡的式样，左版面以黄色为主，蓝色作为辅助色进行点缀，而右版面以蓝色作为主色调，黄色作为辅助色彩，起提亮版面的效果，两个色彩在左右版面中的运用达到了左右均衡的状态，整体看上去舒适、和谐。图 3-19 版式选用了纯色作为版面主体色，在版面的左半边大量地运用色彩，而右版面在浅黄色背景的衬托中添加了左版面中的主体色，色彩上与其相呼应，整体看上去，色调统一。

图 3-18　版式内容的色彩均衡式样 1

图 3-19　版式内容的色彩均衡式样 2

二、对称美

对称指的是物体就版面中的某个点、线或面而言在大小、形状和排列上产生对应的关系，对称式样具有稳定感，在形式上分为绝对对称和相对对称两种。

（一）绝对对称

图 3-20　绝对对称版式设计

绝对对称是以中轴线或中心点为标准，在其周围形成和色彩完全一样的造型，在图形确定中轴线和中心点的位置要有一个合理的设计，与此同时，还应注意版面中其他元素与主题元素的对称关系，确保文字和图形的组成能够对视觉上产生平衡、稳定的影响，如图 3-20。该版式以中心对称式样进行设计，图案处于版面的中间偏上的部位，下方空留出了大量的位置，在右下角填充了段落文字，左边空白处填充了内容的标题。虽然文字部分并不属于绝对对称的式样，甚至不属对称的形式，但是由于版面中图案为绝对对称的形式，且版面主题以该图案为主，文字仅作为辅助出现，这一点通过文字段落的色彩也可得知，黑色的运用为其赋予了低调的特性，与张扬的造型图案产生了明显对比。因此，文字部分是否对称也无伤大雅，整体画面呈现出一种和谐的美感。

（二）相对对称

相对对称是在绝对对称的基础上进行些许的变化，在少部分图形和色彩上有所体现。相对对称整体上也能够达到一种均衡的状态，但是要把握好一定的限度，这样才不会破坏整体的视觉效果。相比于绝对对称，相对对称更具活跃性，因为不同元素的运用能够使画面更加灵活，丰富读者的视觉感受，如图 3-21。该版式以页缝作为中轴线，用相对对称的形式插入图片，可以看到左版面与右版面中的图片皆以放射型的造型自页缝底部向版面的边缘缩进。版面的最左边与最右边都有一位身着白色衣服的工作者，但是人物在场景中出现的比例及人物的形态并不是统一的，不过就整体而言其整体元素在页面中占据的面积相差无异，再加上两个版面中的背景色调和场景中的装饰相同，因此将该版式设定为相对对称的形式。

图 3-21　相对对称版式设计 1　　　　图 3-22　相对对称版式设计 2

相对对称讲究的是视觉上的平衡，其平衡的效果也可以根据图片的剪裁来实现，如图 3-22。该版式分为左右版面，每个版面皆以长方形的形态呈现且长方形的大小吻合。不过在长方形的内部构图上有变化的设计，两个版面分别将图片及文字段落元素插入其中，用梯形作为分割线，两个版面中的图片造型都以上短下长的形式布局，段落都以上长下短的形式进行递减处理，并且两个图片都以灰色和红棕色作为图片的主体色，在段落上以黑色和红色为主，因此该版面为相对对称的形式。

三、对比美

对比可以使各构成元素的特点更加鲜明、生动，产生较强的视觉冲击力，同时也能够突出版式主题。版式设计中的对比效果不受元素数量影响，但对比元素至少为两个。版式中的对比主要包括大小对比、位置对比、黑白对比以及色彩对比等。

（一）大小对比

版式设计中大多会存在多张照片，而照片的大小就形成了对比效果，通过对比可以呈现主题内容，但是不同形式的主题内容其表现形式也不同，如图 3-23、图 3-24。这两个版式皆属于大小对比的式样。图 3-23 版式以房屋建筑为主题，版面的左边展现了建筑的局部，整齐有序的窗户充盈了整个版面，右版面则为建筑的整体造型，由于整体画面中存在的因素较多，使建筑看上去相对模糊，不过无论是整体塑造还是细节描写都展现了建筑的宏伟特性，再加上蓝色与黄色的冷暖属性，使版面形成了强烈的对比效果。图 3-24 版式以眼影为主题，版面的左半边对一名女性的面部妆容进行了放大处理，突出了产品使用效果，右版面主要以产品描述为主，展现了产品的形态以及使用产品的流程。

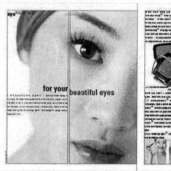

图 3-23　版式设计的大小对比 1　　　图 3-24　版式设计的大小对比 2

（二）位置对比

位置对比主要是指版面中元素的位置差异，段落的位置、图形的位置以及色块的位置都可以产生一定的对比效应。图 3-25 版式中以段落的位置进行了对比表现。两个版面中的图片和色彩的大小与位置完全吻合，但是段落的位置有明显的变化。左版面的段落处于页面中部靠下的位置，而右版面中的段落处于中部靠上的位置，段落的错落布局使版面产生了活泼与灵动感。

（三）黑白对比

黑白对比是版式设计中一个经久耐用的手法，有着极强的张力和视觉冲击力，能够给人清晰明朗的效果，而黑白的本身属性又能够精准地传达版面信息，不易产生歧义，同时黑白色的搭配也能够呈现个性。图 3-26 以黑白色作为页面的主色调，左版面中虽然以黑色作为背景，但是人物的服饰采用了白色设计，且占据版面中较多的面积，在黑色背景的衬托下，白色脱颖而出，与右半版面纯黑色背景形成了强烈对比，右版面中白色的字体也与左版面中的白色元素产生了呼应，整体看上去和谐、统一。

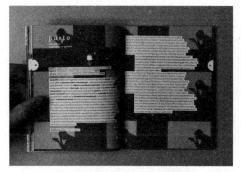

图 3-25　版式设计的位置对比

图 3-26　版式设计的黑白对比

（四）色彩对比

色彩对比主要依据色彩三要素产生对比效果，如图 3-27。该版式无论就单个版式而言还是从整个版面上看都有着强烈的色彩对比。版式中充盈着大量的色彩：左版面以冷色调的蓝色为主体色且明度和纯度较高，在蓝色的背景下暖色调的红色作为点缀散落在左版面的

图 3-27　版式设计的色彩对比

每一处。与之相对的右版面则以暖色调的黄色作为版面的主体色且纯度和明度较低，在右版面中冷色调的黑色为背景色衬托着黄色的主体。版式中的色彩兼具冷暖色调但对色彩进行了合理规划，使整个版式看起来和谐、统一，吸人眼球。

四、调和美

调和美主要通过色彩和元素的大小协调产生画面均衡稳定的效果。实现调和主要依靠对比因素的加强或减弱，调和是版式设计中的一个重要设计手段，主要是为了突出版面中的主体要素的地位，淡化次要要素，使画面统一而生动。调和主要包括色彩调和与大小调和。

（一）色彩调和

色彩调合指的是通过改变版面中元素的色彩使整体视觉效果统一、和谐。图 3-28、图 3-29 版式通过左右版面的色彩满足了版式的调和美。图 3-28 中右版面的通体红色与左版面中的玫红色形成了调和关系，红色背景上的黑色字体也与左版面中的蓝黑色产生了呼应。仔细观察可以看出该版面中的色彩并不是完全一致的，通过对色彩进行明度和纯度的调和，使其产生了一种色彩调和美。图 3-29 版式也是如此，该版式左版面以灰色为背景，在灰色基础上用了黄色、红色、白色、深灰色进行点缀，而右版面以白色为背景色，在白色的基础上用黄色、红色、灰色、黑色作为字体的颜色，与左版面的运用色彩形成了呼应，但色彩的明度相对

图 3-28　版式设计的色彩调和 1

图 3-29　版式设计色彩调和 2

降低了一些，在视觉上与灰色的背景所呈现出来的效果保持了一致，通过对色彩的调和使整个版面看上去完整、统一。

（二）大小调和

大小调和指的是改变版面中元素的大小，使整体视觉效果和谐统一。大小调和的范围包括图片的大小、文字的大小以及色块的大小，目的是突出主要元素并且使主要元素与周边辅助元素形成和谐的视觉美感，如图3-30。该版式中的图片大小

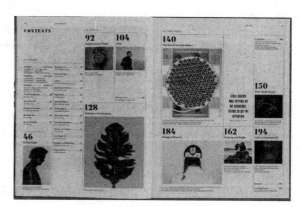

图 3-30　版式设计的大小调和

不同，但能够明显区分出主要图片与次要图片的关系，如左版面中黄色背景的照片占据版面中较多的面积，根据人的视觉习惯，版面的右上角应为画面中最明显的视线区域，但是通过对黄色背景照片的放大，使其抢占了读者的视野，为了保持画面稳定，右上角添加了两个相对面积较小的图片，并将其以对齐形式与黄色背景的图片处于同一竖轴线。右版面中通过放大左上角的照片与右下角的照片形成了对比，保持了画面的稳定感。

五、反复美

反复指相同或相似的形象、单元有规律重复排列，展现出单纯、整体的美。采用反复手法构成的版式，有同形异色与同色异形两种式样。

图 3-31 版式中，每个版面的色彩与大体形态相同，但是图片部分产生了略微的差异，不过整体看上去，该版式仍然表达出了反复所营造的秩序美以及图片变化带来的灵动感。

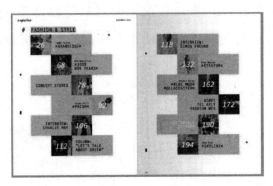

图 3-31　版式设计的反复形式 1

版式中运用反复式样取决于对版面中图形元素的处理。相似或复杂元素的构成形式特点是既统一又变化的，而相同的简单元素的反复则比较统一。图 3-32 版式以黑、白、灰三色进行设计，对某个元素进行有规律的重复处理，为版面塑造了立体空间感。图 3-33 版式主题为红色的饮料，在主体物的周边用几何图形以反复的形式均匀有序地排列，既突出了主题又为版面营造出工整的视觉效果。

图 3-32　版式设计的反复形式 2

图 3-33　版式设计的反复形式 3

第四章
文字的选择和运用

　　本章主要介绍版式设计中文字的选择与运用，分别从字体的设定、文本的设定、文字的处理以及文字的编排形式等四个层面来分析，涉及字体的风格（古风、常规、手绘、趣味、形象）、字体的样式、字号的规定、字体的字号与字距、文字的行距、段落的间距、文本的艺术化和突出重点两种样式、文字的常见编排形式、文字的特殊编排形式以及文字的组合编排形式等多个部分。另外，本章为使读者有一个直观的理解，搜寻了大量优秀版式设计作品用以辅助说明。

第一节　字体的设定

一、字体的风格

　　字体指的是文字的风格款式或文字的图形表达方式，版式设计中字体的风格要跟随版面的风格内容来设定，以便选择的字体能够完美地展现出版面所要传达的内容。中文字体包含书写、印刷体和手绘艺术字体三种，其中书写体运用最常见的有宋体、仿宋体、楷体和黑体等。这些字体的式样相对简单清晰，美观大方，是大众通用字体。版面中的文字有主次之分，因此在一些特定的位置上会选用一些艺术字或美术字体，以起到醒目的作用，如图4-1。该版面包括英文、中文及数字，为了区分文字的可读性，在正文部分基本上采用了大众能够接受的常规字体，宣传语则选用了气势磅礴的书法字体，使整个版面主次分明、清晰。

图 4-1　版式设计中的字体 1

通常情况下，拉丁字体包括常规体斜体、黑体和黑斜体等，但是只有少部分被应用于版面设计中，图 4-2 展示的版面设计字体以穿插的式样呈现，包含了常规体、粗体、黑体，形成一种主次分明、生动有趣的特殊版面效果，极具创新力。随着时代的发展，计算机的使用频率越来越高，为文字式样的拓展提供了创新空间，电脑字体中储存的大量不同式样的书字体也使设计师能够如鱼得水地运用，如图 4-3。该字体经过抽样变形与人物的剪影形象相吻合，以生动的形式夺人眼球，同时也使版面更加美观。

图 4-2　版式设计中的字体 2

图 4-3　版式设计中的字体 3

（一）古风风格

我们在阅读版面设计中的文字时往往不会注意文字的形状，但是它的美感会随着人的视线在字里行间移动，甚至会潜移默化地影响读者阅读时的心境和情绪变化。不同的字体能够引发读者不同的联想和感受，例如，隶书给人一种古雅飘逸的视觉感受，适用于古风或武侠相关的版面设计中；黑体则相对比较粗犷、厚重，适用于凸显硬朗、强硬的主题内容；宋体端正庄重，适用于相对正式、严谨的文案内容；圆体相对比较柔和，适用于女性或以儿童为主题的版面设计。此外，文字的字形不一定非要按照固定的字形来设定，也可根据设计者对主题内容的理解来创新，如图 4-4。

图 4-4　字体的古风风格

（二）常规字体

常规字体是应用最普遍也最不易出错的一种版式字体类型，其缺点在于相对死板，不易吸引读者的目光，因此常规字体的运用多与图片或色彩结合，依据图片内容的吸引力获取读者目光。此外若没有图片的帮助，色彩的运用也能为其划分关键内容，减弱纯文字带来的枯燥感。

常规字体适用于内容较多的版面，字体的形式决定着版面的整体风格，一旦改变了字体，其版面所呈现出的气质也会发生变化。虽然常规字体的运用能够使版式营造出一种庄严、正统的韵味，但是总是运用相同的字体难免会使读者产生单调的心理感受，而有趣味感的字体又很容易与常规字体营造的版面风格格格不入。为了改变这样的矛盾状态，版式设计的常规字体选择往往由媒体类型、页面主体和设计风格来决定。若版面中的内容过多，为保证内容有可读性，字体上通常选择宋体或黑体，在标题或小提示语等"占地面积"较小的区域中引用特殊或艺术字体。与此同时，也会根据版面的布局来部署文字的位置，采用图形为主、文字为辅的形式，但是会始终保持版面工整、不花哨的视觉效果，如图4-5、图4-6。

图 4-5　字体的常规风格 1

图 4-6　字体的常规风格 2

（三）手绘风格

不同于字体模板，手绘风格的字体设计充满趣味感，手写字体模拟了人在纸张上书写文字的效果，随意、独一无二是其专有的特征，这主要是因为手写文字很难做到百分百工整，文字的形状完全由写者主观意识决定，所以亲近感十足，贴近百姓生活，不过这样的字体在版面运用上比较有局限性，字体过于随意致使其只能运用在时尚、个性化或有趣的版面中，这类型的版面基本上偏重于生活化，充满趣味的手绘式样字体能够为版式增添灵动的韵味。而对于一些相对官方或政治、文化气息浓重的版式而言，正统字体更加适宜，手绘文字个性感过强容易让大众通过字体对版式内容产生非官方的心理误导，当然这里不仅仅是指版式中的主体文字，对于篇幅的正文内容也不适用于手绘文字。与手绘字体相同的还有创意字体，创意字体的设计可能不是手写而成，利用人工将工具拼凑成文字或根据主题内容对字体进行抽样变形，都可称作为手绘风格，因为这些文字的设计也是完全凭借设计者的主观意识而创作的，如图 4-7、图 4-8。

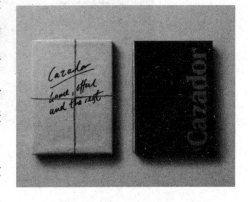

图 4-7 字体的手绘风格 1

图 4-8　字体的手绘风格 2

（四）趣味风格

版式设计的字体不乏趣味文字的存在，与手绘风格的字体有所区别。趣味、变换风格的字体更偏向于公众化，而手绘风格蕴含着设计师或写字者本人的情感特征，手绘风格注重独特性，而趣味风格更像一个艺术字体模板，可以将文字套入模板中展示给大众，这样的文字在充满趣味的同时又具有变换风格的特性。通常情况下，这类文字可塑性较高，字体的变化形态也多种多样，可以对文字进行直接艺术处理，也可以将其抽象化并与景观物体结合，如与几何体结合，原本枯燥的文字通过几何形体的框架产生不同的视觉效果，拼凑在版式中充满趣味感，不仅没有弱化文字内容的重要性，反而利用几何图形的模板增强了趣味感，让人不禁想要了解不同的图形框架中文字内容的区别，如图 4-9。与此同时，字体与框架的完美融合也能够使人眼前一亮，如将城市的英文字母与高楼建筑结合充满时尚感。趣味字体的优点在于它可以随意改变文字的罗列方式，可以以点的形式、线的状态、面的造型甚至是模拟物件的形态，水波纹、圆形、方形等都是常见的罗列造型，如图 4-10。

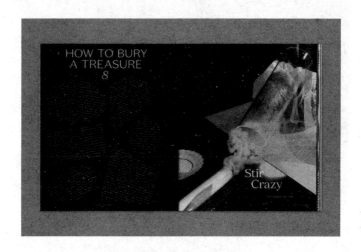

图 4-9　字体的趣味风格 1

图 4-10　字体的趣味风格 2

（五）形象风格

形象风格主要是借助图像来塑造字体，从而达到美观的艺术效果，然而与趣味风格不同的是趣味风格主要是用文字表达或用文字塑造物体的形态，基本上是以文字为主、图形为辅。而形象风格更加侧重于图像，也就是说在整个图像中隐隐约约能看到文字的影子，以图像为主、文字为辅的形式出现。形象风格的文字可以是具象的亦可以是抽象的，不过具象的文字不是工工整整地排列在版面中，而是会根据图像的形态顺着图像纹理来排列文字。文字的抽象应用也较为常见，不过由于是为了衬托图像的形态，其文字的形态并不是特别容易辨别，这样的风格主要运用在一些艺术感强烈或个性鲜明的版面设计中。此外，形象风格最主要的是形象，文字与图像的结合通常会挖掘彼此的优点，利用其优势塑造出生动的形象图案，如图 4-11。

图 4-11　字体与图形结合

二、字体的样式

字体的式样主要依据字体的内容而设定，如果主题相对严肃、庄严，则字体的选择应以规整为主；若主题为儿童、卡通题材，则版式字体应以圆润、可爱为主；若内容为欧式风格或相对比较狂放、激情的主题，则版式字体可选用带有曲线的字体，如图 4-12。

图 4-12　字体的式样

第二节　文本的设定

文本是版式设计最重要的元素，然而文本过多，版式的协调性以及阅读的流畅性就成为页面设计的重点，但其实文本之间的搭配是有规律的，以便能够清晰地向读者传达版面内容信息。

一、字号的规定

字号，即字体面积大小，字体的大小常用号数制、磅数（点数）制、毫数制（尺寸）等进行衡量，如图 4-13 所示。依据计算机页面设定以及大众的操作方式习惯，号数制是字体面积大小最普遍的衡量方式，也将号数制直接定义为字号。通常情况下标题的最小字号为"小二"，但内容若涉及的题目类别过少，也可将其最小定位"小四"。脚注通常为"六号"或"小六"，若版式内容中的字体类别过多，出现了排脚注，则字体型号通常为"七号"或"八号"。从表中可以看到标题、正文以及脚注的字号规定并不是固定的，基本上是在一个区间范围，这主要是为了版式的字体字号可以做到灵活运用，也为设计者提供了广阔的创作空间。

字号	磅数	毫米	像素	宋体	黑体	楷体_GB2312	主要用途
初号	42pt	14.82mm	56px	宋	黑	楷	标题
小初	36pt	12.70mm	48px	宋	黑	楷	标题
一号	26pt	9.17mm	34.7px	宋	黑	楷	标题
小一	24pt	8.47mm	32px	宋	黑	楷	标题
二号	22pt	7.76mm	29.3px	宋	黑	楷	标题
小二	18pt	6.35mm	24px	宋	黑	楷	标题
三号	16pt	5.64mm	21.3px	宋	黑	楷	标题、正文
小三	15pt	5.29mm	20px	宋	黑	楷	标题、正文
四号	14pt	4.94mm	18.7px	宋	黑	楷	标题、正文
小四	12pt	4.23mm	16px	宋	黑	楷	标题、正文
五号	10.5pt	3.70mm	14px	宋	黑	楷	正文
小五	9pt	3.18mm	12px	宋	黑	楷	注文
六号	7.5pt	2.56mm	10px	宋	黑	楷	脚注、注文
小六	6.5pt	2.29mm	8.7px	*	■	楷	脚注、注文
七号	5.5pt	1.94mm	7.3px	*	■		排脚注
八号	5pt	1.76mm	6.7px	*	■		排脚注

图 4-13　字体字号

二、字体的字号与字距

字号的大小影响版面的层次效果，字号的区分能够拉开层次关系，使其看上去主次分明。字距指的是字与字之间的距离，从某种程度上说，字体的面积越小则字与字之间的间距越小；字体的面积越大则间距越大。在款式设计中，如果字体的字号相对较小，但是形体较粗，则应该拉开字与字之间的距离，以便浏览和阅读。我们在网络中输入文字时，常常会发现这样一个问题：同样的字号，但是字体的大小和间距看上去并不相同，比如将较粗字体与普通字体罗列在一起，即使较粗的字体字号较小，但也能够吸引读者的注意，甚至比略大的字号的字体更加醒目，如图 4-14，两个"版式"字样皆为宋体，第一个"版式"为"四号"字体加粗，第二个"版

版式版式

图 4-14　字体字号对比

式"为"小三"，虽然"小三"比"四号"略大一些，但是由于有了粗体的加入，"四号"反而显得更加夺目。有时候，增加字距也能够提升文本的醒目程度，如图 4-15。

"版式"指的是版面的格式，是有规划地编排、设计事物形态的一种规则统称，为的是能够突出主题，使主题各元素以新颖的形式展现在大众面前，让观者能够有在最短的时间内注意、了解完整且清晰的信息，实现形式与内容的有效统一。

版式设计属于平面设计的一个分支，从艺术设计的相关资料中显示，版式设计也叫版式编排，注重的是版式中的文字、图像、色彩等各要素相互组合，展现出美观的功能性。此外，版式所呈现出的视觉效果一方面来源于设计师对版式元素的协调与展现，另一方面来源于版式元素与观者产生的主观避想与情感共鸣。

图 4-15　字体间距对比

图 4-15 左图与右图的文案与字体的字号相同，但左图版面中的字体较细，字距为 0。字距为 0 是版面设计中字体的常规数值，适用于大多数读者群体，高于或低于 0 会显得页面宽松或紧凑，不适用于大篇幅文字。

右图版式设计中的上段文字采用了加粗字体的设计，虽然字号没有改变但看上去比调整前略大，因此在字距的数值上也增加到了100，阅读起来比较顺畅，若字距没有任何变化则会显得有些紧凑，而字距增加得过大又会出现页面字体宽松的视觉效果。所以，字号和字距的大小要结合版面的整体效果来考虑，特别是趣味性字体的运用更需要设计者综合考虑。趣味性字体不仅仅是字体意义上的艺术造型，也可以让文字与人产生互动，如图4-16。该版式为信封设计，使用了镂空的造型，镂空的部分配合信纸卡片上的英文字母，完美地将关键文本展示出来，使设计也增加了互动的趣味。

图4-16　字体的趣味设计

三、文字行距

文字的行距主要由信息量来决定，行距指的是行与行之间的距离。通常情况下，在篇幅文字较多的版面中，行距的设定主要取决于文字的内容，若文字以普通叙述的内容为主，则行距不易过大。如图4-17，这是一个关于人物传记的版式设计，大量的文字充盈在页面中，为了尽可能地对文字进行布局安排，则行距不宜过大。虽然人物传记类内容必然出现较多的文字，但考虑到文字的可读性，在版式设计的文字中穿插图片也是一个不错的选择，可有效地减缓行距密集带来的枯燥感。版式中的文字信息若以点明主旨或产品介绍等简介为主，字距要适当宽松。如图 4-18，这是一个产品宣传的版式设计，该版面文字采用了约 1.5 倍的行距，行与行之间产生的空隙能够提升版面中的文字识别率，与此同时，文字被安排在版面中色彩过渡的浅色部分，增强了文字的突出性，使整个版面有轻有重，清晰整洁，便于读者阅读。

图 4-17　文字行距 1

通常情况下，标题的行距就是标题的高度，目录的行距多为文字高度的 2～3 倍。这样的层级分类规则适用于大多数的版面设计，能够使画面清晰、整洁。虽然文字的行距依据内容而设定，但是这并不是固定不变的规则要求。为了使版面清晰、疏密有致，也可以在版面中适当留白，如图 4-19。该版式中以大号字体突出标题内容，以较小号字体突出了副标题内容，正文部分文字较多，行距相对紧凑，但是版面中有大量的留白设计，再搭配标题与色块，使整个版面疏密有致、清晰雅致。

图 4-18　文字行距 2　　　　　　　　图 4-19　文字行距 3

四、段落间距

段落间距指的是段落与段落之间的距离，包含前后距离以及段落的左右距离。清晰的段落间距能够帮助读者直观地了解一段文字的结束以及另一段内容的开始。因此，段落间距有必要设定较大一些，通常应大于行间距且在文

图 4-20　段落间距 1

字繁多的版面中应明显大于行间距，这样的版面布局能够缓解读者阅读文字的疲惫感。段落的设置除了上下布局外，左右布局的形式也是能够提升段落分类的一个有力保证，如图 4-20。该版式设计大致分为三个部

分，左上侧为内容的简介，可以看到该段文字行距相对宽松，给人以文字简洁的视觉效果，可读性较高。右上侧以图像填充，版面的艺术氛围协调了整体布局，版式设计的下方为六段文字，六段文字采用的是纵向排列的方式。纵向排列相比于横向来说，其可塑空间更大。另外，以纵向的形式对段落进行分类也能够让读者清晰地了解各部分内容的类别，看上去更加直观、清晰。虽然该版式文字段落在布局上为纵向，但是部分板块的内容也包括了文字的横间距，不过根据整体的布局形式，横间距相对较小，能够达到区分上段和下段的目的，而六个板块段落间的距离相对较大，可以更加明显看出段落与段落之间的位置，在达到版式页面工整、有序的同时，在视觉上也呈现出了直观、清晰的状态。

版面的使用率、段落的位置安排以及边界处的设计都应遵循版式的整体风格来设定。版面中若存在大量的设计元素，如图形、文字、图片等，则版面的使用率就越高。相反，如若想让版面呈现一种高级感，则应降低版面的使用率，这是版式设计的一个基本原则，如图 4-21。该设计版面的文字内容较多，不过由于有了

图 4-21　段落间距 2

图像的融入以及不同字号的标题格式，即使采用了一种高版面的使用率编排方式，仍然热情感十足。再搭配柔和色彩，能够在很大程度上吸引读者的目光。其实版式中的文字过多，其格式一定会设置为满版面的状态，但是为了能够表现出轻盈感，可以通过图像中的高幅度线条走向和醒目的色彩降低文字的死板效果，如图 4-22。

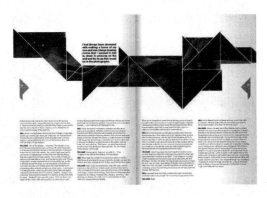

图 4-22　段落间距 3

版式设计中常常会出现文字与图片结合的形式，然而若版面中出现过多的段落文字和图片，那么读者在阅读过程中很容易混淆，以致将段落的理解对应错了图片，产生迷惑心理。针对这一现象可以采用添加分割线的方式来梳理版面，使版面看起来条理清晰。分割线的运用可以错落有致，也可以工工整整，主要依据版式中的其他要素的位置关系来设计，但是要注意分割线的布局形式和深浅程度。这主要是因为版式设计中由于图片和文字过多很容易显得杂乱无章，而分隔线走势若过于夸张或颜色较深，很容易抢占主体元素的风头，反而产生版面杂乱的效果。图 4-23 的版式页面中填充了大量的色彩，其分隔线的灰色调

图 4-23　段落间距 4

很好地起到了辅助衬托的作用。在分隔线划分的每个小模块中，文字与图形又通过横线的设计产生了连接，能够让读者了解到该段落的大致内容。

版面大量留白能够营造出高格调，在编排上主要考虑内容的多少，以此营造版面的轻松感。这样的设计多出现在宣传手册、邀请函等版式中，如图 4-24。该四个版面设计采用了低版面的设计，虽然标题和正文的设计相对普通，但页面采用了大量的图片和留白设计，使读者可以耐心地仔细阅读文字内容。

图 4-24　段落间距 5

第三节　文字的处理

一、强调重点

版面中会存在较多的文字，而文字的重点有多种方式进行强调处理，包括首字母强调，标题加粗字体、放大字体、加入相框图形突出等。这些手段能够在某种程度上使其与周边的文字产生强烈对比效果，使读者能够一目了然地注意到这些文字。首字母强调是比较常见的一种强调重点的形式。首字母放大或突出能够吸引读者的视线，起到活跃版面的作用，如图 4-25。除了首字母形式的文字强调外，加粗、放大形式也是版式设计中强调重点文字常运用到的设计形式。对于这些突出的文字可以使用下划线、线框或倾斜字体的手段进行强调处理。与此同时，框线效果也能够起到划分版面的作用。通常情况下，加粗、放大字体是相对比较容易的一种强化信息的手段，因为其在艺

图 4-25　文字的强调重点形式 1

术处理方式上并没有引用过多的设计，但又能够很好地起到吸引读者注意力的作用。不过要注意这样的设计通常与色彩元素进行搭配，一定要选用能够形成强大反差效果的色彩，如冷暖色系对比或冷暖色与无彩色进行搭配，如图 4-26。

图 4-26　文字的强调重点形式 2

二、艺术化处理

版式设计中的文字其实也是图像的一种，当文字过大时，人的第一视线先是观看它的整体轮廓，那么也就是说文字作为信息传递的工具，同时又作为审美对象。所以，如何对版式设计中的文字进行图像化处理是一个值得深究的问题。

图形化是文字最常采用的一种艺术处理形式，文字的图形化处理指的是在不影响文字本身传达功能的状态下对字体进行艺术创新，突出艺术效果。文字的图形化处理包括意象文字和形象字体两类。意象字体是由具体的图像展现文字内容，使文字充满个性，具有生动、活泼的韵味，如图4-27。这是一幅歌颂父亲的版式设计，文字上选取了汉字"父"作为设计元素，根据汉字的结构将"父"字两个点设计成了雨伞的造型，寓意着父亲为家庭遮风挡雨。形象字体是根据文字的内容进行形象化创作，通过文字拼凑出图像让文字得到强化、引申的作用，如图4-28。这是一个以传统乐器为主要元素的版式设计。琵琶是我国传统乐器，用汉字的笔画和偏旁填充内部形态，巧妙地传达了海报的中国风寓意。

图4-27　文字的艺术化处理1

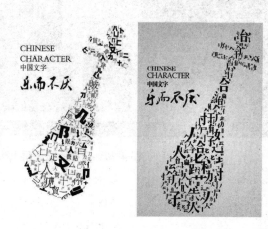

图4-28　文字的艺术化处理2

　　文字重叠式样的艺术处理手法也是版式设计中常见的一类布局方式，但是设计中的重叠包括三种类型，即文字与文字、文字与图形、图形与图形。这样的设计形式也称为杂音。版面设计中的重叠式样能够让读者感受到活泼和灵动的气息，但是也要注意重叠的类型不可过多，因为重叠本身就属于一种复杂的图像形态，类别过多或样式繁复很容易致使人产生杂乱的视觉效果，反而影响了版面的视觉层次。因此，采用重叠处理的方式，要综合考虑各方面因素，协调好整体关系。

图 4-29　文字的艺术化处理 3

　　文字的艺术化处理手法可以说有无数种形式，因为艺术本身就是多种多样的，其艺术处理手法也不应有各种条条框框，借助色彩、建筑、形体或者空间关系都可以使其产生新颖的艺术效果。据史料记载，中国汉字的形态是根据物体的轮廓慢慢衍变而来的，那么将文字退化成图形的艺术处理手法能够使设计元素既展现文字内容，又展现图像景观，如图4-29。艺术化处理离不开色彩的应用，然而色彩包括有彩色和无彩色，相比较而言无彩色普遍适用于所有的版式设计中，既可以作为主体色彩也可以作为辅助色彩。图4-30展示的版式色彩，巧妙的借助了白色、黑色以及无彩色相结合的应用形式，在朦胧的蓝色背景衬托下字体的黑白色搭配使版面产生了一种活泼、有趣的艺术效果。通常情况下，以黑白作为辅助色，有彩色作为主体色能够产生灵动、活泼的效果。然而图4-31展示的艺术效果打破了这一组合形式。图4-32利用文字营造出了立体的空间，同时也借助了色彩的搭配营造出了一种严肃、神秘的韵味，贴合版式的设计主题。

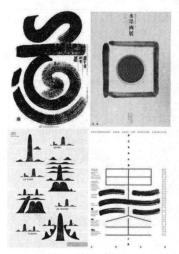  

图4-30　文字的艺术化处理4　图4-31　文字的艺术化处理5　图4-32　文字的艺术化处理6

第四节 文字的编排形式

一、文字的常见编排

文字的常见编排有两端对齐、左对齐、右对齐、居中对齐、自由排列以及图形排列等。若版面中的文字内容过多，则应选用左对齐、右对齐和两端对齐这样的常规形式，便于读者阅读。版面中的文字或内容较少则可以采用自由排列和图形化排列等形式，能够呈现出别样的艺术视觉效果。

（一）两端对齐

两端对齐的式样分为两种，一种是文字的间距无论是否宽松，则左右两端都在同一垂直线上，图 4-33 右版面中的黄色标题则属于两端对齐的式样，运用这样的形式对文字进行设计，要考虑字体的紧凑程度是

图 4-33 版式设计 1

否统一，若行与行之间的文字密度相差过大，则不适用于这样的方式。另一种两端对齐的形式指的是视觉上的平衡，图 4-34 展现的版面设计中主要的文字处于左上和右下两个位置。左上的文字

图 4-34 版式设计 2

较少，因此将字体放大。而右下的文字较多，为了保证视觉上的统一和稳定，将字号调整稍小一些，使段落的整体大小看上去与左上的标题相差无异。

（二）左、右对齐

版面中的文字若选择左对齐或右对齐的形式进行排列，则文字通常与图形相结合，这是因为版式设计要追求一种平衡美，当然一些追求艺术感、个性化强烈的版式设计除外。文字的左对齐或右对齐排列形式主要依据文字是否处于左或右的垂直线上，若文字属于左对齐形式，则每行的文字都应紧贴左侧水平线，如图 4-35；反之，若文字属于右对齐形式则每行的文字都应紧贴右侧水平线，如图 4-36。

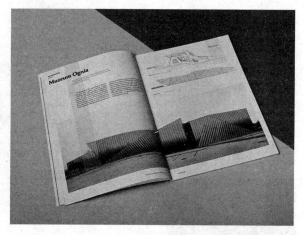

图 4-35　文字的左对齐式样　　　　图 4-36　文字的右对齐式样

（三）居中

文字的居中是一种应用最为宽泛且不易出错的式样类型，以轴线为中心对称排列，这样的排版能够突出文字的特征，使读者的视线保持在页面的中心部分。另外，文字各行长短不一的状态也为版式赋予了节奏变化，使其看上去活泼又不失端庄。不过这样的编排方式要特别注意中英文的转换问题，避免造成阅读困难，如图4-37。

（四）自由编排

文字的自由编排样式具有多样化特点。这类排列方式不拘泥于规整、严肃的模板造型。通常情况下，会以具有大小、疏密程度、走向等变化元素组合成版面效果。自由编排的字体式样具有很强的辅助作用，能够配合图形来表现主题，使严肃、呆板的版面变得生动、灵活起来。图4-38的版面设计中以一条不规则的长方形宽带为文字的背景框架，跟随着字母布局位置对图形的整体轮廓做出改变，在居中式样的标题下方以及右侧段落等版面组合元素的衬托下显得活泼、有趣，同时也与隐藏的半圆形相呼应，使整个画面看起来和谐、统一。文字可以随意变换形态，也可以根据框架形式决定自己的编排布局，如图4-39。版式上的文字虽然以倾斜的方式设计，但是文字又有着统一的格式，行与行之间也能够保持平行的状态，使整个版面呈现出既工整又灵动的韵味。文字可以进行自由编排，段落也可以进行自由编排。图4-40版面展示的五段文

图4-37　文字的居中式样

图4-38　文字的自由编排式样1

图 4-39　文字自由编排式样 2

图 4-40　文字的自由编排式样 3

字虽不在同一水平线上，但每段文字都有自己的对齐准则。这也使多个段落虽然布局不规整，但整体上并没有显现出杂乱的视觉效果。

（五）图形化

文字的图形化编排共分为两种式样，一种是文本绕图，指的是图片与文字保持不相交的状态，但是文字的形状跟随着图片的轮廓而进行编排，从而形成一种若即若离的画面关系，如图 4-41。该版面中文字内容与版面中的人物形象相结合，文字跟随着人物的头发、脸庞以及胳膊的位置进行排列构造，以绕排的形式展现文字内容。再如图 4-42，该版面中间充盈着一个灯泡的造型，其文字依据灯泡的外部轮廓进行编排。第二种图形化样式比较有趣，文字会根据图形的形状进行排列组合，可以是常见的几何形体，如正方形、长方形、圆形等，可以是英文字母，也可以是特殊的图形符号，如图 4-43～图 4-47。这样的编排方式比较新颖、夸张，不过也要注意其文字所营造出来的图形是否与版面所要表达的文字内容以及主题方向相一致。

图 4-41　文字图形化式样 1　　　图 4-42　文字图形化式样 2

图 4-43　文字图形化式样 3　　图 4-44　文字的图形化式样 4　　图 4-45　文字的图形化式样 5

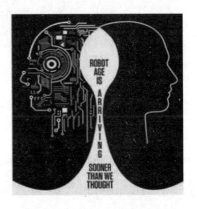

图 4-46　文字图形化式样 6　　　　　　图 4-47　文字的图形化式样 7

二、文字的特殊编排

（一）翻转版面

随着版面多样化的增加，翻转版面的布局形式也成为版式设计的一种。图 4-48 展示的版面虽然是横构图，但是文字的排列构造却是以纵向为基准，阅读起来需要 90 度翻转书籍。该页版面式样虽然改变了整部书籍的阅读角度，但从某种程度说，它也为读者注入了灵动的气息。不过一般情况下，翻转版面的运用不可过多，较频繁的页面穿插很容易给读者造成困扰，反而使大众产生一种矛盾、烦躁的心理。

图 4-48　文字的翻转版面式样

（二）竖轴

竖轴指版式设计中的文字不以横坐标轴为基准，而采用纵向排列的方式，这样的编排方式不符合大多数人对文字的阅读习惯，因此，这类式样通常运用在表达传统文化的题材版式中，如图 4-49。

图 4-49 文字的竖轴式样

三、文字的组合编排

文字的组合编排主要考虑文字与文字以及文字与图形的组合搭配效果，这里的文字与文字不单单指汉字与汉字，也包括汉字与英文。英文与汉字的构造不同，其组合在一起时需要全方面考虑该形式的文字是否能够辨别。另外，最重要的是如何将二者完美衔接并能够展现出艺术感，如图 4-50。文字与图形的结合主要考虑版面中的布局形式，既要保证工整、有序，又要有一定的艺术美感，如图 4-51。

图 4-50 文字的组合编排 1　　　　　　图 4-51 文字的组合编排 2

第五章
图片的选择和运用

　　本章主要介绍版式设计中图片的选择与运用，分别从图片概述、图片的编排要素、图片的排版要点等三方面进行剖析，主要包括图片的形式、组合方式，图片的位置，图片的大小，图片的数量，图片的裁切，图片的方向，图片的质量、完整度、色调等。另外，为让读者有一个直观的理解，本章列举了大量优秀版式设计作品用以辅助说明。

第一节　图片概述

一、图片的形式

（一）出血图形

图形是版式设计中最常运用的一种图片类型。出血图形即满版图形，指的是整个版面都被图片覆盖，也可以将图片作为版面的背景。这类图形的版面上基本没有任何边框，在视觉上能够打破版心的束缚，动感十足，为读者营造一种自由、奔放的心境，同时强烈的视觉冲击力也能够使读者沉浸在精美的图画中。

出血图形在版式设计中能够第一时间抓住读者的视野，因此图片的选择极为重要。首先出血图片一般要选择具备意境感十足或能够烘托整个版面的高像素图片。在贴合主题内容的情况下渲染环境。出血图片将整张图片充满版面，极强的视觉效果能够带来超凡的影响力，如图5-1。该背景被黄棕色调填充，画面的中间靠右侧以木框的形式插入了一幅户外场景图。该场景所营造的氛围与版式设计中黄棕色的木板门相吻合，能够巧妙地将版式设计所表达的主题和内容渲染出来，使人未读文字先品其意。除了风景或物体的图像外，人物图像也是出血图形中常运用的一种图片类型，如图5-2。无论是什么题材的出血图片，选择的首要基准是图片的内容要具有感染力。

运用在版面中的出血图形其内容一定不是满屏的状态，也就是说图片

图 5-1　出血图形 1

图 5-2　出血图形 2

的内容一定会留有空隙，这样有助于区分主次和空间关系。而将文字内容放置于空隙处既能满足平衡的艺术效果又能够彰显版式主题。不过不是所有出血图片都为文字部分留有充足的填充空间，如图 5-3。该版式中各出血图形都以人物肖像为标准，人物的图像占据了大部分的面积，纯色或近于统一的背景为文字内容留有一定的空间位置。要注意的是这个时候的文字就要选用与背景色差距较大的色彩，如黑色背景与白色文字的搭配，而浅色背景与白色文字搭配并不是十分吸人眼球。当出血图片中的主题元素占据版面接近四分之三的面积时，其文字部分的内容要根据主题内容而决定，若主题是以运动、活力、激情等热情内容为主，则较多的文字能够达到辅助作用；若版面以精致、奢华为主题，则文字不易过多且色彩应与背景色相协调，无彩色为搭配的首选，因为无彩色是最佳的辅助配色，既能够起到点缀的作用又不会抢占出血图形的视线，如图 5-4。

　　当然，并不是所有出血图片的主体物都占据较多的面积比例，其主体元素在版面中可以是上下出血也可以是左右出血的式样，搭配版面中的留白处理能够使版面呈现一种向外延伸的视觉感，同时也能够让读者感受到视觉顺序与版面的开放性，如图 5-5。该版式中的出血图形以一个人

图 5-3 出血图形 3

图 5-4 出血图形 4

物形象为主体元素，主体占据版式的左半边。而右版式主要以光影投射过来的影子为主，占据右版式的下方，右版式的中间及靠上的位置留有大量的空白，在该部分用文字内容填充。文字的色彩整体上呈渐变的形式，白色的标题在深色的背景下显得格外突出，黄色的副标题也能够在背景的衬托下吸引读者目光，然而正文内容文字较多且选用了黑色作为主体色，导致文字内容并不是十分突出，但是在整个版式设计中却十分协调，并没有抢占出血图形风头，同时主标题与副标题的色彩也能够起到画面平衡以及点明主题的作用。

版式可以分为全版和半版两类，全版即左右两版合并为一个版式，其出血图形的运用能够为版式带来一定的开放性，而半版（竖版）的式样作为全版的式样时，其营造开放性的出血图形的选择空间相对苛刻一些，不过也可以随出血图形的内容而形成视线延伸的效果，如图 5-6。该出血图形以人的形象为主要元素，人物背景的白色线条顺着人物的视线从左下延伸至了右上，同时白色的色彩饱满度有一定的过渡性。线条的动感为读者营造出了一种自下向上延伸的视觉感受，仔细观察人物的胳膊，呈现出了一个三角形的状态，而文字内容放置于左上的空白处达到了画面平衡的效果，整体看上去版式内容饱满、生动。

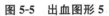

图 5-5　出血图形 5　　　　　　　　　　　图 5-6　出血图形 6

　　设计中选用出血图形应考虑图形中主体要素与文字的关系，并不是所有的出血图形都为文字内容留有空间。有人认为可以在图形画面的角落处添加文字，其实这样的做法并不适用于所有的出血图形，有些图形加入文字会破坏图片所要表达的意境，况且在角落处添加文字内容也容易产生版式内容不明显的效果，这样一来，既影响了出血图形在该版式中所营造的视觉效果又降低了文字内容的可读性。针对这种情况，可以采用半版形式来设计，即左边为出血图形右边为文字页面，或右边为出血图形左边为文字页面。左右布局的版式应用在左右翻页的书籍设计中，若书籍为上下翻页的形式则版式布局中出血图形与空白页应设计为上下的形式。采用出血图形与文字各一半的设计式样要考虑好出血图形中主体元素与版面的适应关系，如图 5-7。该版面中左版面为出血图形，画面中人物的头部转向右侧，将读者的视线引入右版面中，右版面仅有文字元素填充。出血图形中人物的视线集中在标题部分，而标题与正文又留有足够的空隙，使读者能够先将目光集中在标题上再沉下心来阅读正文部分。除此之外，也可以选择画面中主体元素波动较大的出血图形，如

图 5-8，该版式中的人物以对角线的形式出现，在画面的左上及右下部分留有大量的空间，便于标记文字。

图 5-7 出血图形 7

图 5-8 出血图形 8

（二）褪底图形

版式设计中包括文字和图形等元素，而文字和图形又存在多种式样。为了精准地表达版式的主题，其选择的图片一定要能够突出表达的重心，然而很多图片以正方形或长方形的式样出现在方形背景的框架下，如图 5-9。该图形以斜角的形式布局，正方形的边框留有大量的空间，图形插入版式设计中十分不和谐，因此，不是所有的图案都与边框

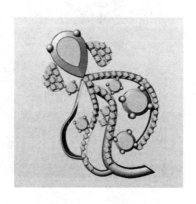

图 5-9 举例图形

相适应。为了协调版式中各元素的空间关系，必须对这部分图形进行褪底处理。这样的应用形式排除了对背景的干扰，既能够使主体形象更加醒目，在视线上也能够显得轻松、明快。

如果想将多张图片置于同一版面中或者想要突出图片的拍摄主体，

除了放大主体物缩小次要物外，常用的方法就是图形褪底。在图片里的背景上能有涌现出大量空间，而在这部分空间中加入文字或其他图形要素所营造出来的视觉效果丰富且趣味感十足，如图 5-10。该版式中有三个人物形象，中间作为主要人物，其人物的背景采用了褪底处理，在褪底后呈现出来的白色背景上添加其他图形与文字，使整个版式均衡、饱满。当然并不是所有褪底后的背景都要以文字或其他图形来填充，也可以直接呈现褪底后的色彩，如图 5-11。该版式式样为左右两版，画面中的小女孩占据画面的左边及中间部分。文字部分仅仅出现在版面中的右下角，却达到了版式所要营造的图形为主、文字为辅的视觉效果。该版式图形褪底后的色彩为白色，根据图形位置关系，版式的顶部位置留有大量的空白，但没有影响主体元素的表现，又使整个画面产生了空间感。

图 5-10　褪底图形 1　　　　　　　　　图 5-11　褪底图形 2

褪底图形其实也成为抠裁图形，应用实际上是裁剪出图片上的关键部分，将其放大或缩小在版式中，依据版式其他要素的布局决定褪底图形的位置，如图 5-12、图 5-13。

图 5-12 褪底图形 3

图 5-13 褪底图形 4

（三）形状图形

形状图形是指版面中使用一定的形状对图片进行限定，如常见的方形、圆形、菱形等几何图形以及有着较高识别率的符号图形，如图 5-14、图 5-15。版式设计中使用形状图形能够彰显符合魅力，由于其形状皆为大众所认知的图形，其应用在为读者带来新鲜感的同时又拉近了人与版面的关系。通常情况下，版面中的图片元素以四边形的标准状态出现，若将这些元素组合或拼凑图形符号，则能够提升版面的趣味感，如图5-16、图 5-17。图 5-16 左版面以问号的形式构图，问号在生活中给人一

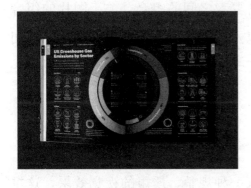

图 5-14 褪底图形 5

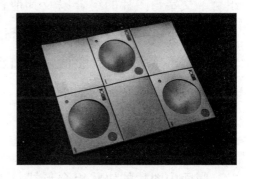

图 5-15 褪底图形 6

图 5-16　褪底图形 7　　　　　　　　　图 5-17　褪底图形 8

种疑问、困惑的心理感受，版面中采用问号进行布局并在形状图形上添加文字也能够使读者产生一种好奇心理，想要阅读这部分文字。图 5-17以阿拉伯数字"8"为设计元素，在右版面中用物件拼凑出数字与左版面相呼应，整体看上去充满趣味。

二、图片的组合方式

版式设计中构成原理的应用体现在组合形式上，包括图片与图片的组合、文字与图片的组合以及其他各要素之间的组合。关于图片的组合形式基本上可分为两类，块状组合以及散点式样。版面中的图片经过切割、打散、重叠等各种手法呈现出新奇的模样，为版面增添灵动感与生命力，使读者产生深刻的印象。

（一）块状

版面中图片的块状组合形式给人一种规整、严肃的视觉效果，这主要是由于块状组合图形相对密集，注重整体化。另外，文字与图片相对独立且部分文字与图片相呼应。除此之外，运用块状组合图形往往会借助水平或垂直线来分割版面，使版面中各要素秩序井然，产生理智、大方的视觉效果，如图 5-18。该版面分为左右两部分，整个版面以 12 张图片填充，各图片间尺寸大小与比例相等，图片的间隔也塑造出了横平竖直的线条框架。多彩的图片排列，在空白处挤压而成的垂直和水平线也为整个版面增添了井然有序的画面效果。

在块状图片的运用中，一些版面会被提前设定好垂直与水平线条，再将图片插入框架中，而另一些版面是将规格统一的线条排列在一起形成隐形的框架。块状图片的组合形式注重的是图片的方方正正，而图片靠在一起必然产生隐形线条，有了线条的存在，版面会自动产生元素轮廓，其框架轮廓的形成取决于图片的汇集位置。

图 5-18 块状组合方式 1

图 5-19 块状组合方式 2

当然，并不是所有的块状图片都像图 5-18 所示，相比较下，图 5-19 展示版面效果略显灵动，因为其图片的布局位置并不是工工整整地对齐排列，而是采用了对角线的方式设计，左右版面各有三张照片，左右版的照片位置斜角对称。整体观察该版式，最令人瞩目的是两张尺寸相同且在各自版面中占据面积较大的照片，其照片靠近页边的一侧各有两张正方形式样的图片，并且高度均以对称的形式设计。另外，在各图片对应的纵向空白处皆有相呼应的文字说明，整体看上去既工整又存在一定的灵动感。

图片的块状组合形式不一定要求对称，为了使版面更加活跃，可以打破规则，将图片错位、倾斜，或去掉整个模块内容，放置大小不一的图片，这样的版面式样打破了网格系统规则，趣味性极强，如图 5-20。该版面设计中图片元素的形状、大小、尺寸都不相同，排列方式仅以一条水平线为基准，纵轴线毫无规律可言，但是图片的摆放位置依据大小比例关系来设定，显得十分和谐，四张图片中最大图片与最小图片集中于左版面，而适中的两张照片放置右版面，根据面积关系版面呈现出一种视觉平衡的效果。版面中的图片可以是多张，也可以是单张组合，如图 5-21。该版面中的元素以符号图形加褪底图形相结合的形式出现，组合图形占据版面的正中央，使读者的视线集中于此。

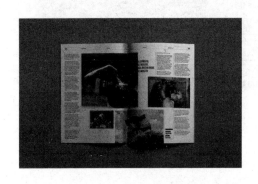
图 5-20　块状组合方式 3

图 5-21　块状组合方式 4

版式设计中褪底图形的运用为块状式样的图片组合增添了画面灵动感。版面中常常会出现过多的图片，而图片的排列方式以及面积大小决定了整个版面是否带给人枯燥感以及是否影响到了文字的可读性。褪底图形能够在此基础上打破画面情感，增添灵动气质，如图 5-22、图 5-23。这两个版面设计皆包含了众多的图片元素和文字内容。版式中元素的数量过多会让读者很难安下心来仔细阅读内容，褪底图形的加入在增强读者好奇心的同时也提升了他们的阅读能力，如图 5-22。版面中运动员踢球的褪底图形占据在画面的左部，一种即将跃出版面的立体感能够瞬间抓住读者的眼球，迫使其想要通过文字一探究竟。另外，在靠近页面的边缘处以圆形的方式展现了各运动员的头像，并在头像位置的附近进行文字说明，让观众产生一种内容虽多但秩序井然的视觉感受。图 5-23 也是如此，画面中包含众多的图片和文字内容。画面的正中间充盈着一个褪底图形（汽车）。汽车的形态以倾斜的造型设计，搭配左上部分图形文字的过渡色彩，为读者营造了一种速度与激情的氛围。此外，图片的大小比例适中且周边有相应的文字辅助说明，使该版面看上去内容众多但图片生动，也能促使读者产生阅读的兴趣。

图 5-22　块状组合方式 5　　　　　图 5-23　块状组合方式 6

若版面中的图片元素过多，也可对图片进行分类处理，其处理方式可以选用最常见的均齐排列，也可以根据图片类型分块组合，如图 5-24、图 5-25。用分类处理的方式整合图片，最终要在版式页面中达到平衡且美观的效果。图 5-24 版式设计以中心轴方式对众多的图片进行分类，画面的正中间分层罗列图像，在画面的左侧及右侧分别对中间罗列的图像进行了详细的说明，使整个版面从左至右呈现出分—总—分的布局规律。另外，画面中间的四个图片元素，色彩鲜艳、形象生动，能够吸引读者的目光，为读者阅读文字内容奠定了基础。图5-25的版式中对图像要素进行了归类处理，并以块状的形式呈现。版式虽然为平面形态，但是版面内部的块状图片框架以立体造型来塑造，且在大的块状框架中各图形要素又依据框架的立体感而整齐摆放。众多的元素的整齐排列，营造出了一种舒适感。同时图像内容皆为日常用品，贴合大众生活，再搭配醒目的黄色作为背景，能够瞬间吸引读者的目光。

图5-24　块状组合方式7

图5-25　块状组合方式8

（二）散点

版式中的图片散点组合方式指的是图片与图片之间分散安排，文字与图片互相穿插，这样的版面最明显的特性就是轻松、随意的氛围浓重。

通常情况下，图片会随着版面的对角线放置，不过也要注意是否符合自然的视觉顺序，当然，这是对大多数版式图片内容而言，而对于一些烘焙手工制作等，需要用图片来展现逻辑关系，所以要在图片的摆放位置上多花心思，在起到为内容增添比重差异的同时，也要保证读者能有一个清晰的阅读顺序。虽然版式设计中的散点图片组合方式对图片没有明确的位置要求，但是图片的大小要保持和谐的视觉效果。图片的占比面积多以适中为佳，若图片为主图，则其大小应明显大于其他图片，以便形成强烈的反差，突出主题。如图 5-26、图 5-27。

图 5-26 散点组合方式 1

图 5-27 散点组合方式 2

图片的直接运用虽然在散点的组合形式上为版面赋予了随意感，但是也容易造成版面过于饱满而产生阅读压力，若在版面中以褪底图形作为图片的散点组合方式，不仅可以加入更多的图片，同时页面营造的丰富、热闹感受也会更加强烈。但是如果只是将图片罗列在页面中也会显得无趣，缺乏生气，而将图片以不同尺寸放置，甚至沿着特别的形状放置，则能够增强画面的动感效果。因此，若想使版面让人产生愉悦的心理，关键在于版面中动感与节奏感的渲染，这些可以由处理图形来完成，如图 5-28、图 5-29。图 5-28 版式中以四个手绘的人头像为画面的主导元素。在人头像的中间位置用其他手绘图形和文字内容填充，工整的文字加上随意摆放的手绘图形，使画面活泼随意，有着极强的亲和感。图5-29版式中褪底图形较多，但是每一个褪底图形的周围都紧跟文字说明，段落的工整式样也为随机布局的褪底图形增添了整齐视感，图形的棱角也为文字段落增添了灵动的韵味。

图 5-28　散点组合方式 3

图 5-29　散点组合方式 4

虽然散点图形的组合形式在版式中没有严格的位置规定，但是与同图片的块状组合方式相比较，散点图片的组合方式相对不容易把控。那么如何使版式中的图片组合形式既有块状的整齐感又有散点的灵动感呢。针对这一情况，版式设计中的二维空间可转变为三维空间，利用画面的空间感营造出整齐且灵动的感受，如图5-30、图5-31。这是两个以图片的立体视角为基准的版式设计。从二维空间上说，该版式的图片组合方式属于散点式样，但是从三维空间上来看，图片的组合方式又呈块状式样均匀有序地排列，这样的空间效果一方面能够让读者直观了解图片内容的不同视角，另一方面也能够将繁多的元素种类整齐排放，为读者营造了一个清晰易懂的内容简介。另外，这类的版式设计需要用线条来对各元素进行位置走向编排，线条的排列方向也对读者的阅读顺序起到了指引作用。

图 5-30 散点组合方式 5　　　　图 5-31 散点组合方式 6

第二节　图片的编排要素

影响图片编排效果的因素众多，包括图片的位置、大小、数量、裁剪形式以及方向等。合理的搭配能够营造良好的视觉表现效果，在排版设计时要综合考虑各要素之间的关系。如果只将目光放置于某一部分或强行让各要素达到统一的状态，则会适得其反。

一、图片的位置

图片在版面中的位置能够直接影响页面的构图布局，根据"九宫格"画法，两条水平线和两条垂直线能够将版面平均分成九个部分，将图片放置于四个交叉点中的任意一点便可营造出视觉协调感，也是最佳的画面形态。图 5-32 版面中图片较少且排列位置不集中，但是其摆放的位置根据九宫格定律有效地控制了各点，使整个版面主题鲜明，简洁清晰。除了"九宫格"位置规律外，对角线的位置也能够使版面形成和谐的视觉效果，如图 5-33。

图 5-32　图片的位置编排 1　　　　图 5-33　图片的位置编排 2

在版式设计中需要运用到多张照片，然而照片与照片之间的距离也是影响版面视觉舒适度的决定因素。图片在版式设计中的位置不可单方面考虑，要协同图片的色彩以及文字内容来决定，若图片的色彩统一则不用过多考虑色彩因素，若色彩的颜色冷暖效果明显，则需要用无彩色进行协调或者以归类的形式对图片进行布局。图片的位置摆放要为文字留有空隙，若图片以集中的方式汇集，则在边缘处要留有大量空白，便于文字的说明。若图形以散点式样分布，则空隙可相对减少，因为文字会穿插在图片中间，而图片集中摆放，则文字会以段落的形式出现。这样一来散点式样的文字会显得杂乱，如图 5-34。该版式设计中的图片位置属于集中式，图片的位置摆放合理有序，少量的留白为整个页面预留了呼吸的空间。

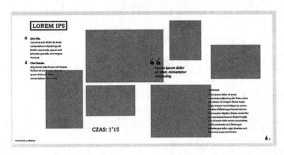

图 5-34　图片的位置编排 3

二、图片的大小

版式设计中图片的大小决定了读者关注度的高低，同等条件下，面积较大的图片要比面积较小的图片更加令人瞩目。在出血图形的运用中往往会选择一些对局部特征描写的图片做放大处理，即版面的背景，能够为浏览者带来强大的视觉

图 5-35　图片的大小编排 1

冲击力。而其他的从属照片则进行缩小或点缀处理，安排在版面上呼应主题，形成主次分明的格局，如图 5-35。

通常情况下，版面中若存在多张图片且图片的大小不统一，则页面中最大的图片包含着重要的信息内容，而信息内容往往根据客户需求而设定。画面展现的内容也就是版面的重点，也有一些版面中的大图不涉及版面的重点，但是其一定具备精美的视觉效果，这是图片大小运用的基本规律，如图 5-36。该版式中存在两张图片，右侧图片明显大于左侧图片。大图以白色为背景，在白色的背景上充盈着多种装饰色彩，看上去饱满丰富、充满内涵。而左上角的图片以黑色为背景,若将该张照片放置于白色照片的位置上,则黑色所具有的压抑感扑面而来,与湖蓝色的版式色彩所要呈现的清新气质相悖。除了一些有内涵的图片外,内容较多的图片也是放大的首选,如图 5-37。该版式为餐厅的菜单手册。大众对于美食类的图片往往偏向于整体布局和细节刻画两类形式,而在同等条件下多个菜品集中于某一画面的照片更加适合作为放大图片,一方面能够丰富图片效果,另一方面能够抓住食客的视线,丰富的画面内容会延长消费者在页面中的停留时长。而单个菜品的照片更适合做细节处理,细节照片则不需要刻意放大,适中的大小更能让消费者有一个直观、整体的认识。

图 5-36　图片的大小编排 2

图 5-37　图片的大小编排 3

包含元素较多的照片一般为图片放大的首选,但是也要注意图片放大后的尺寸在整个版式中的占比,这关系到照片中元素所呈现的视觉感受是否一致,如图 5-38。该版式中最大尺寸的照片位于版式左半边的最上方,能够清晰地看到照片中各元素的形态,与之相呼应的是右版面中面积最大的竖版照片。相对而言,该照片属于场景类型,照片放大后所呈现出的局部细节与左版面最上方照片所呈现出的细节感受相差不大。

因此，可以将其定为合乎规律的图片大小。我们常常可以看到版式的封面以整张图片为背景，那么该照片一定要具有细节的可读性，如图 5-39。该版式的封面以人物在海边劳作的场景为照片内容，每个人物的动作不同，将照片放大能够清晰地看到人物细节以及视线最远处人物的动作，这样的照片具有放大的意义。

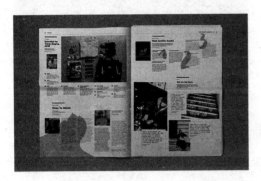

图 5-38　图片的大小编排 4

图 5-39　图片的大小编排 5

　　图片的放大不仅限于场景类照片，人像类照片也是图片放大的首选，甚至可以将其作为出血图形。化妆品以及美妆类的照片常常以人的正面或侧面头像为题材，同时人物塑造的妆面效果也会贴合版式的主题内容。当然，主题内容并不只靠出血图形来塑造，必要情况下其他图形可以辅助的形式出现，但会明显小于主图，如图 5-40。除此之外，人物的神情也是决定图片是否能够放大的因素之一，俗话说眼睛是心灵的窗户，透过眼睛可以察觉到人的内心情感，以人物头像为放大图片的照片往往在人物神情上有严格的标准，通过对人物照片的放大，能够便于读者研究和分析。与此同时，有丰富表情的人物也能够为版面增添感情色彩，如以惊悚为主题的版式内容中人物的神情会流露出恐怖、严肃感觉，且背景也会以深色为主，营造神秘、恐怖的氛围；若版式内容以幽默风格为主，则出血图形中的人物往往会流露出滑稽的神情。另外，背景色彩也会以暖色调为主，整体塑造一种开心、愉悦的气氛，如图 5-41。

图 5-40　图片的大小编排 6　　　　　　　　图 5-41　图片的大小编排 7

　　版式设计中对图片的编排大小取决于图片的内容。除了内容丰富、人物神情生动的图像作为版式的封面外，空间延展性强的图像适宜作为封面设计。所谓的延展性指的是空间感，版式设计的封面大多属于二维空间，而空间感强的照片能够将读者的视野延伸至画面深处，形成隐形的三维效果，充满意境，如图 5-42。不过，视野上应以读者角度为基准，以符合正常的视线规律为基准。

图 5-42　图片的大小编排 8

三、图片的数量

　　图片数量的变化可以创造出不同的版式氛围，若页面中的图片数量较少，版面所营造出来的气质特征就决定了读者对该版式的印象。通常情况下，人物传记、历史故事等主要以文字为主的版式会选用数量较少的图片作为文字的辅助说明。而社会类、餐饮类、新闻类及产品类等大众读物往往会使用数量较多的图片，这样一来能够使版面呈现出活泼、丰富的感觉，同时也为读者阅读文字提供愉悦的心境。在版式设计中，图片与文字基本上属于协同的关系，互相作用。不过图片过多也容易造成版面缺乏重点、松散、混乱的页面感受，所以版式中图片的数量主要依据主题内容来决定，不能随心所欲。

　　在版面中图片的数量直接影响版式的效果，同时也对读者的阅读兴趣有一定的影响。研究表明，随着大众对物质资料满足程度的提升以及受到多元文化的影响，时尚品味方面更加倾向于极简风格，这一倾向也应用到了版式设计中。也就是说版式中较少使用图片或者只运用一张或两张照片可以有效地突出图片意境，使整个版面简洁、直观，读者在观看的时候也能起到舒缓心情、降低压力与浮躁心理的作用，如图5-43。这是一个产品宣传的版式设计，在页面中只使用了一张产品图片，搭配精简的文字对产品简要说明，使整个版式整洁、大气，同时简明扼要地突出了产品宣传重点。

　　除了极简风格的版式设计外，图片较多的版面也十分受到读者的关注，但是若版面中没有图片，全部以文字元素填充则会显得枯燥无味，很难让人阅读下去。不过设计师不能仅仅为了吸引观众而肆意插入较多的图片，也要根据版面的需求决定图片的数量，如图5-44。该版面的版式设计插入了多张图片，为了缩减空间关系，将图片进行不同式样的应用处理，有的直接将图片放大或缩小插入，有的对照片进行了彻底处理，丰富了版面的表现效果，也符合了左右版面和谐统一的视觉规律。

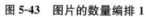

图 5-43　图片的数量编排 1

图 5-44　图片的数量编排 2

版式设计中图片数量的应用也要顾及与版式中其他要素的关系。在版式设计中，文字和图片属于两类相同的设计要素，它们二者之间存在三种关系形式，分别是图片辅助文字、文字辅助图片以及文字与图片互相作用。这三类关系在应用过程中可以相互转换，如图 5-45。该版面以一张图片和多个段落为页面要素，从内容上看是段落对图片的详细说明，这属于文字对图片的一个辅助；也可以是图片交代环境背景，延伸出故事并用文字来加以叙述，这属于图片对文字的一个渲染。因此，具体情况要根据文字内容来决定。图 5-46 的版式设计中插入了大量的图片，并且图片排列规整，井然有序地填充在整个版面中。在版面的左边用与图片背景色相差较大的白色作为文字的背景，这样的版式设计适用于文字对图片的整体概述。若每张照片都有各自的说明介绍，则这样的排版很容易对读者产生误导。关于文字与版面的辅助对象问题，主要取决于文字是在图片的基础上概述还是图片用以解释文字的内容。其实这一点不一定要有一个明确的划分，因为版面注重的是整体效果，无论是谁辅助谁，它们都作用于版面的整体，只有互相影响、互相作用才能提升版面的和谐度。

图 5-45　图片的数量编排 3　　　　　　图 5-46　图片的数量编排 4

　　当版式设计中的图片数量过多时，其图片的摆放位置也有一定的讲究，可以对图片的尺寸放大和缩小，突出主题重点。若图片的大小不一，则松散的放置形式也能呈现出灵动的趣味，但是整体要呈现出一种稳定构图形式，如三角形。图 5-47 的版式设计中图形的大小不一，其中一张褪底图形放大占据了整个版面，右版面的图片又与左版面形成了三角形的构图形式。版面中运用三角形构图，在创造出阅读顺序的同时也决定了版面重心的位置。在版式设计中，图片的数量过多很容易产生混乱的感受，除了采用几何形体为框架的构图形式外，也可以图形框架的式样摆放图片，当然这种式样的造型也要区分出图片的主要与次要关系，将主要图片放大，摆放在页面中相对醒目位置，并搭配文字辅助说明，将其他次要图片组合成图形的式样作为点缀，如图 5-48。该版式中用方正的图形和文字的搭配版面营造了一种秩序井然的视觉感。而版面的右下角用若干张小图堆积成不规则形状。不规则形体也为工整的版面注入了活泼的气氛。同时，由于不规则形体由众多的小图组合而成，且每张图都包含一个人物半身照，不规则形体整体看上去也相对完整。

图 5-47　图片的数量编排 5　　　　　　　图 5-48　图片的数量编排 6

四、图片的裁切

版式设计中的图片常常会进行一些裁剪处理。裁剪是排版设计中最基本也是最常用的一个方法。利用裁剪将图片中一些不需要的部分去掉，进而保留图片的关键部分，通过改变图片的长宽比使图片看起来更加美观，协调整体画面效果。此外，部分版面的裁剪并没有围绕图片的全部进行整体缩减，而是保留了图片的部分。这里的部分并不是指图片内容的关键部分，而是以半边的式样对图片进行裁切。无论是哪种裁切方式，都是为了使版式的整体效果更加美观。

褪底图形的应用其实就是图片裁切的一种形式，这是将图片内容中的所有次要全部切除，这样图片保留下来的重要元素能够被插入任何一个背景中，有着较高的可塑性，如图 5-49。该版式的主题为时装造型设计，版式中的人物、服装、鞋子皆为褪底图形，用棕黑色的背景将各种时尚元素插入一个页面中，看起来整体色调和谐。图片以褪底造型进行裁切的形式之所以可塑性高是因为它几乎可以随意融入某个版面中，只需要在背景色彩中呈现出图片元素的色彩即可。但是这种方式的裁切也要注意图片主体物的细节部分，因为图形褪底后不免会被放大，很容易看到图形裁切的边缘。将边缘处裁切工整会使画面显得高级感十足；反之，毛边会降低版面的视觉美感。因此，若选择图片裁切的方式，则最好选用背景纯色或选择背景色与图片主体色相差较大的颜色。也有部分图片并没有沿着图片主体物的边缘进行裁剪，而是顺着图片主体物的轮廓刻意预留出一部分背景区域，这样的方式大大减少了围绕边缘裁剪式样所追求的精细度。但是其在版式设计中的运用有一定的限制，主要是色彩方面要考虑图片边缘色与反面背景色是否和谐，如图 5-50。该版式背景使用了与图片颜色相接近的色彩，搭配多彩的图片以及蓝色的字体，整体看上去风格统一，相对和谐。

图 5-49　图片的裁切编排 1　　　　图 5-50　图片的裁切编排 2

　　版式设计中图片裁切的运用可以提升画面的艺术美感，图片的裁切除了褪底式样和保留主体物周边背景色之外，还有一种是半边裁剪，半边裁剪的图片大多出现在版面的四边上，根据裁剪的剩余部分大小来决定其属于主要图形还是次要图形，如图 5-51、图 5-52。图 5-51 的版式设计中，主要图片位于版面的中间靠左部分，而在主图的右边各有两个被裁去半边的图形，它们紧贴在版面的最上方和最下方的边界线上。这样的裁剪风格一方面突出了主体物，另一方面也丰富了画面效果，让读者在看到主体物的同时在视线上也达到了平衡。半边式样的裁剪方式在视觉上能够拉伸读者的视野，有利于形成一定的想象空间。画面中存在多张相似的照片时对部分照片进行半边裁剪能够丰富画面效果，然而版面中各类别的照片仅有一种时，其半边裁剪的式样能够提升画面的高级感，如图 5-52，该版式中主要图片位于左半边，以食物为主要元素，在布局上首先将主要图像进行褪底处理，然后再裁切掉三分之一，并将其紧贴于版面的最左边框线上，这样的布局设计在不知不觉中将读者的目光集中到了主图的右边，为版面中其他设计元素做牵引。

图 5-51　图片的裁切编排 3　　　　　　图 5-52　图片的裁切编排 4

五、图片的方向

版式设计中图片的方向可以是视线牵引，也可以是方向性的线条符号，可以通过景物的近景、中景、远景形成，也可以是版面中某种视觉动势或具有视觉导向作用的空间关系。

选择以人物视线为图片方向的设计主要考虑人物在图片中的位置，

若人物目光看向右方，则图片应适合放置于版面的左边，而右边适合放置版式中的细节内容；若人物的头部面向左方，则图片应放置于版面中的右边，在左边空留出大片区域，以便其他辅助文本的填充，如图 5-53、图 5-54。该两个版式的图片应用方向符合版面的整体视觉逻辑。

图 5-53　图片的方向编排 1　　　　图 5-54　图片的方向编排 2

倾斜式样能够让人产生一种不稳定的动感，版式设计属于平面印刷品，平面印刷品多以静态的形式展示，那么如何让画面产生动感的效果呢？对此可以在版面中插入具有方向感的图形或改变文本的排版方式，让整体画面产生活力，如图 5-55、图 5-56。在图 5-55 版式设计中人物及文本皆以垂直的形态置于版面中，而背景中白色的粗线条为整个版面注入了活力。这是借助背景增强版式的动感效果，有些版面设计在背景和图片元素上都赋予了动态感，如图 5-56。该版式设计为汽车产品的介绍。首先画面映入眼帘的是一辆"自右上向左下"逐渐放大的汽车图片，为画面塑造了立体感，将视线向上延伸分别有两个形状几乎相同的汽车，并且均以不同的方向呈现。其中黑色的汽车与主图方向的汽车行驶方向一致，而白色的汽车自右下向左上的动势营造强烈的方向感，丰富了版面的空间效果。另外，背景中黄色的灯光模拟了日常太阳光线的照射方向，整体看上去版面灵动感十足。

图 5-55　图片的方向编排 3　　　　　　　图 5-56　图片的方向编排 4

第三节　图片的排版要点

图片的排版与选用首先要考虑图片的质量是否高清，图片所要展示的主要元素是否完整以及图片的色调是否可以改变或色调是否符合版式的整体感觉。

一、图片的质量

版式设计中会出现各种式样、各种大小、各种数量的图片，然而针对不同式样的图片有不同的质量要求，如出血图形往往会铺满整个版面，其像素的高低影响读者的视觉体验。对于一些内容相对单一的图片而言，其像素并不会影响过多。而对于风景类或内容元素较多的图片，图片的质量较差会模糊内容，甚至会直接影响读者对整个版式的初次认识，如图 5-57。该图片中蕴含的元素众多，将其放大铺满整个版面时会放大其中的细节部分，因此这样的图片一定要选择高质量素材，以保证能够看到局部细节。除此之外，有些版式为了追求神秘感会将图片进行虚化处理，这种情况多运用在个性感较强的版式主题或以辅助的形式衬托其他图片，如图 5-58。

图 5-57　图片的质量要求 1　　　　图 5-58　图片的质量要求 2

二、图片完整度

版式设计中图片的插入要保证有较高的完整度，有些图片造型美观、色彩艳丽、风格出众，但由于各种情况会出现褪色或存在水印的现象，如果将这种照片插入版式中要进行一定的处理，如褪底或裁切等，将其以完美的形态呈现在页面上，若无法改变图片原有的弊端则考虑替换其他图片或将其进行局部放大处理，不过也要保证放大的部分要有足够的清晰度，如图 5-59。

图片的完整度取决于版式的主题内容，一些版式的主题为创意类，在版式页面中会留有部分空间，以便阅读者展开创意想象。这里图片的大量留白不能用图片完整度来评判，因为图片的不完整也是该版式主题所要呈现的内容之一，如图5-60。该版式以人物的剪影为照片元素，平铺于整个页面中，人物面部图形的插入为人物赋予了神情。无论是图像剪影还是带有五官造型的图像都属于完整的图片。图片的完整度是由版式中所呈现的图片式样决定的，有些图片边缘处有污渍而中间部分或局部相对精美，那么将其运用在版式中可以只保留其精华部分。这样一来读者无法察觉图片的原始状态，仅通过版式的精华部分反而可以赋予读者想象的空间，如图5-61。该版式将图片裁剪成了长椭圆形放置于版面的正中间，极具魅力。

图 5-59　图片的完整度要求 1

图 5-60　图片的完整度要求 2　　　　图 5-61　图片的完整度要求 3

三、图片的色调

　　通常情况下，版式中图片的色调可以通过后期调色来进行艺术处理。不只是图片，背景以及字体的色彩都可以进行艺术设计，以便保持整体、统一的视觉效果。但是有些图片在经过色调转换后改变了原始图片所蕴含的情绪感受。针对这种情况可以改变背景的色彩或者是添加带有相同色彩的辅助图形进行色彩关系的协调。总之，版式整体上是要保持色调统一，如图 5-62。该版式设计中色彩众多，但是色彩的面积相对较小，因此在视觉上不会产生较大的色彩冲突，整体上相对和谐。

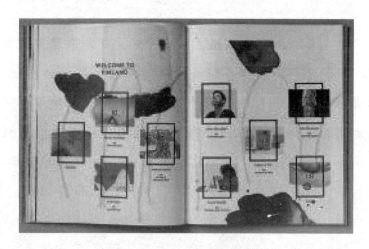

图 5-62　图片的色调要求

第六章
色彩的原理和运用

　　本章主要介绍色彩在版式设计中的应用，包括色彩概述、色彩搭配的法则、色彩在版式中的运用以及色彩的搭配原则等四大部分，其中主要涉及色彩的色相、明度、纯度等属性，色彩的主色、辅助色以及点缀色的运用，色彩的视觉效应；色彩同类色、邻近色、对比色、互补色、无彩色、金属色等形式的搭配；色彩的象征意义，色彩传递的品牌特色、色彩的时代感；依据产品配置属性、消费群体特征和主题内容进行色彩搭配等多个部分。另外，为了让读者有一个清晰的认识，本章列举了大量的优秀版式设计作品供读者欣赏。

第一节　色彩概述

一、色彩的三属性

我们所接触的色彩丰富多样，有一些可以通过肉眼直接观察，有一些则不具备直接观察的特性，但是所有的色彩都具备三个基本属性，分别是色相、明度和纯度，色彩的三个属性也被称作色彩的三要素。

（一）色相

色相指的是色彩上的相貌，用以区分色彩的种类，是色彩的最为突出的特征。每类色相都是由摄入人眼光线的光谱成分决定的。自然界中的红、黄、橙、绿、青、蓝、紫为基本色相，其中红色波长最长，紫色波长最短，因此我们看到的彩虹顺序中红色为首，紫色为底，这就是由于波长本质决定的长短变化。色相可以由单一的波光来表现，也

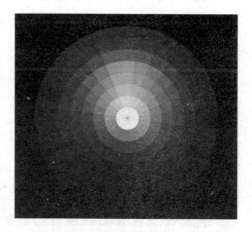

图 6-1　色彩的色相

可以由混合的波光来表现。色相可以按照光谱的顺序划分为红、橘、黄橘、黄、黄绿、绿、绿蓝、蓝绿、蓝、蓝紫、紫、紫红等 12 类基本色相，如图 6-1 所示。

（二）明度

色彩的明度指的是色彩的明亮程度，但是这里要先提及一下无彩色与有彩色的区别。无彩色指的是由黑、白、灰色所组成的色彩，白色和黑色位于色彩的两端，中间由无数种灰色进行过渡，其中白色明度最高，黑色明度最低。其中间过渡的灰色中最贴近白色的部分被誉为明灰色，而靠近黑色的部分被誉为暗灰色。无彩色的明度仅仅是根据白色与黑色的程度进行划分，而有彩色是指除无彩色之外的所有色彩，有彩色明度的划分有三种形式存在，其一是根据吸收光源的强弱程度影响明度的数值变化；其二是同一种色相的颜色，通过加入不同比例的无彩色影响其明度变化；其三是光源色一致时通过色相的不同影响明度的数值。有彩色中明黄色的明度最高，紫色的明度最低。明度也是色彩三属性中最具独立性的一个种类，因为它仅仅可以根据白色与黑色的添加来影响明度的提升或下降，所以色相和纯度的改变也能够促使色彩产生明暗变化，如图 6-2所示，色彩的明度由左至右逐渐降低，部分色彩最高明度接近于白色、最低接近于黑色，但是无限放大会发现其仍然含有色彩的自身属性，只是在有彩色的领域中无限接近于无彩色。

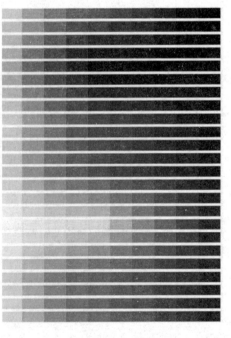

图 6-2　色彩的明度

（三）纯度

纯度也被称为饱和度，指的是色彩的鲜艳程度，表示色彩中含有成分的比例，因此色彩的程度仅限于有彩色，而无彩色并没有纯度可言。色彩成分越大其纯度越高，反之色彩成分越小其纯度越低。在自然界中，彩虹的七种颜色纯度是最高的，在这些色彩中加入无彩色，其饱和度就会降低，因为黑白灰的纯度等于零。在纯色中加入白

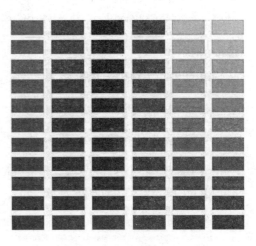

图 6-3　色彩的纯度

所得的明色与纯色中加入黑所得的暗色统称为清色，在纯色中加入灰色后的色彩是浊色，相比较而言，两个颜色虽然明度一样，但清色比浊色的纯度更高，如图 6-3 所示，位于图片上部的为高纯度色彩，中部为中纯度色彩，底部为低纯度色彩，可以看到色彩越偏下其具备的本身成分就越少，以第一列橙色为例，最后一个色彩几乎看不到橙色的身影，其横排的色彩几乎相同，所以也可以说任何色彩只要本身的色彩成分足够低其传递出来的视觉效果也不尽相同。

二、色彩的类型

从艺术设计领域谈色彩的类型可以将其分为三类，即主色、辅助色和点缀色。主色指主要色彩，在版式设计中页面所呈现出来的最突出色彩就是主色。辅助色通常指占比次于主色的颜色，一般占比在 20％至

30％，但是在版式设计中辅助色占据的色彩面积可以超过主色，其主要作用是突出主体色，所以版式设计中的配色常常有主色与辅助色占比面积相差不大的情况。点缀色在艺术设计中往往会起到画龙点睛的作用，通常占比不超过 10％，这一点在版式设计中也是如此，但是也有超过 10％的情况，但整体上点缀色的占比面积不大，其主要作用是为整个版面注入醒目的气韵。

不过这样的颜色配比并不是面向所有的版式设计，在一些主题明确（如卡通类）的版式类别中，就无法对这三色有明确的划分，因为该类版面面向的人群有一定的针对性，而版面所要传达的活泼气氛以及受众群体的阅读需求使版面的色彩越丰富则越美观。除此之外，还有一些版式也很难对这三类色彩进行定义，即以出血图形、图片或混色图形为主要版面元素的版式设计，因为相比色彩，出血图形更加注重图片中意境的传达，其意境可以是风景，可以是人物，亦可以是物件。而图片或混色图形在版面中的占比主要依据图形式样和画面空间来决定，其占比面积不可控，所以色彩类型的区分并不是十分强烈。

（一）主色

版式设计中的主色就如同人的面貌一般，是区分页面与页面以及版式与版式的重要因素。主色占据着整个版面空间面积，对版式的主题与格调起决定性作用。如图 6-4 所示的三个版面，在色彩上分别为绿色、紫色、粉色。通过一个页面的颜色可以分辨出整个版式所呈现的色调，对这三个页面的色彩逐一进行分析，第一个版面中绿色占据了大部分的面积，其左版面黄色的加入在绿色的衬托下显得更加亮眼，虽然黄色需要借助绿色的衬托来彰显色彩自身的魅力，但是读者看到该版面第一眼时涌现出来的是绿色，因此我们将绿色作为该版式的主色。第二个页面中紫色占据了大部分的面积，虽然黄色与黑色的融入也丰富了画面效果，但是其色彩的面积相对琐碎，紫色的完整感使该版面显现出了统一的色调。第三个版页为粉色，画面中的不同粉属于同类色，虽然色彩在纯度和明度上有所变化，但是它们的本质属性都为粉色，因此无论它们有任何变化，其版面的统一效果不变，呈现出来的就是它的主体色。图 6-4 所示的三个版面皆以背景色为主色的形式设计，其背景色都属于有彩色且区分度较高。除了有彩色之外，无彩色也是版面中最常应用的一类色彩，特别是白色。白色作为背景色有着极高的可塑空间，基本上可以与任何色彩搭配，如图 6-5。该版面以白色作为主体色彩，虽然版面中穿插着多种颜色，但是其彩色的位置相对工整且"占

图 6-4 版式的主色

地面积"较小，因此该版面整体属于白色调。以明显的色调作为背景是版式设计中应用最广泛的一种形式。除此之外，出血色彩也常常作为版式的封面出现，如图 6-6。该版式将一个风景照片设计成了出血图形，作为版式的封面，其封面的主色主要依据照片中风景所呈现的色彩来决定，一般情况下风景的色彩会随着季节、地域、光线等多方面的影响产生改变，该版式设计中的风景为草地、树木等，因此，我们将绿色作为版式的主色。

图 6-5　版式的主色 1　　　　　　　　　　图 6-6　版式的主色 2

（二）辅助色

辅助色是除主色外在空间中占据最多的色彩，主要作用是突出主色。但是在版式设计中主色与辅助色之间的概念并不十分明显，甚至可以说它们是相互作用、相互辅助的关系，如图 6-7。该版式以黑色充盈着画面的主体，红色的阿拉伯数字因为在黑色的背景上

图 6-7　版式的辅助色 1

显得格外突出，并且当读者第一眼看到该版面时首先涌现出来的色彩是红色，这主要是因为红色属于暖色调而黑色属于冷色调。在同一平面中，红色与黑色放在一起，红色的前进感尤为强烈。我们第一眼看到的色彩为虽为红色，但红色的突出感受离不开黑色背景的衬托，所以我们也可以说红色与黑色是共同出现在读者的视线中。对于该版式而言，其辅助

色既可以说是黑色也可以说是红色，因为它们是彼此相互作用的。在图 6-8 的版式中，灰色占据了主要面积，米黄色仅次于灰色。但是就版面的整体而言，灰色与米黄色所属的色彩类型并不能用主色与辅助色来区分，灰色部分属于出血图形具有一

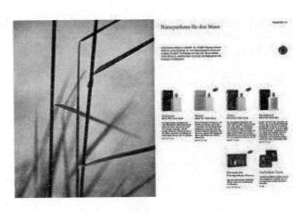

图 6-8　版式的辅助色 2

定的纹理属性，而米黄色属于纯色背景，在米黄色的背景上添加其他图形或文字元素能够丰富版面的视觉效果，因此也可以将米黄色视为版式的辅助色，既与灰色的出血图形相应又为其他元素的填充提供了可行空间。不过，这仅仅是针对该版式，若改变出血图形的纹理或改变米黄色的背景，则主色与辅助色或许会存在变化。

图 6-9　版式的辅助色 3

辅助色的定义取决于主体色，由主体色作为参照物决定的，而参照的对象也可分为整体对象和局部对象两种。整体对象是就整个版式而言，局部对象是就其身边的色彩而言。但是我们常说的辅助基本上是根据画面的整体效果决定的，如图 6-9。该版式设计中白色的为页面背景色，但白色的背景上橘色的照片占据了三分之二的面积。对于该版式而言，读者第一眼看到的页面色彩为橘色，因为它占据了画面的大部分空间且位置处于视野的中上部，

对于这样的构图形式无法明确划分出主色与辅助色的区别，因为版式背景为白色，应当将其称作为主色，但是在背景上橘色的面积又占据过多，同时因为有了白色的背景衬托才能够彰显橘色照片。若将白色视为辅助色，但因为白色的存在，才能为文字要素提供位置空间，因此白色又不能被视为辅助色。这是针对辅助色的整体对象而言，而辅助色的局部对象则主要取决于色彩周边。该版式中照片中的色彩包括棕色、橘色、粉色等。因为有了浅色和深色对比才能够让中间的橙色脱颖而出，营造出了一定的空间关系，因此从局部位置上看，则图片中的棕色、粉色以及白色的部分被称为辅助色，而若将图片中的白色作为主体色，则橘色与棕色则统一为棕色，被视为辅助色，因此局部对象的定义要依靠周边的色彩要素来确定。

（三）点缀色

点缀色的主要功能是衬托主色、承接辅助色，它在整个版式设计中占据极小的面积，却能起到画龙点睛或提亮版页视觉效果的作用，如图6-10。该版式以蓝灰色调作为页面的主体背景色，画面中的灰白色作为辅助色，版面的右半边插入了部分图片，图片中的黄色、橙色、红色、棕色以及字体的黑色为画面的点缀色。多彩的颜色丰富了画面效果，黑色的字体和图形又为版面空间注入了大气稳重的气息，使整个版面看上去既有色彩的灵动感又体现出了文字的严谨风格。色彩的点缀色类型可能不会出现在版面中，但是它可以存在于整个版式设计中。以书籍为例，图 6-11 展示的是一本书籍的版式设计，可以看到页面中以无彩色作为版面的主色和辅助色，但是在书籍的内部封面以及其他页面的插图中可以看到明亮的红色。红色在无彩色的衬托下显得尤为耀眼，从整体色彩的角度上看，红色的点缀为整个版面带来了鲜活的气息，同时在具有时尚气质的黑白色对比下又为页面注入了时尚的气息，使读者未读文字先领其意。

图 6-10　版式的点缀色 1　　　　　图 6-11　版式的点缀色 2

　　由于版式设计中的主题内容、图形大小、布局形式等设计选择没有明确的要求，其点缀色的界限也没有特别严格的规定，必要时辅助色与点缀色可以相互转化。如图 6-12 的版式设计以茶具为主题，在深蓝色的背景上充盈着各种色彩，黄色、米色、粉色、棕色、绿色、橙色等。在该版式中除了可以将主色明确定义为深蓝色外，其辅助色与点缀色的概念相对模糊，因为从该版式中其他颜色的面积比例无法直接获得答案，也有人将文字元素的黄色以及版面中走线的黄色视为辅助色，但是若将其视为辅助色，其黄色的总和色彩面积并不是明显高于点缀色，因此对于该版式而言，可以将其视为没有辅助色，除了深蓝的主色外，其他色皆为点缀色。该版式的点缀色色彩丰富，充盈在画面的各个角落，使整个版式虽然以深色为背景，视觉上却为读者呈现出色彩明亮、生动有趣的视觉效果。

　　实际上这样的色彩配比相比于整个画面都明艳的版式而言更能受到读者的喜爱，因为这样的配色更接近于视觉平衡。画面中的色彩若全部为明艳的颜色，虽然瞩目性强但也很容易造成审美疲劳且读者不易区分出内容重点，一般情况下明艳的版面设计多应用在招贴海报中，如图 6-13。而图 6-12 的色彩更注重突出主题内容，且深色的背景既能够增强空间关系又可以加强点缀色的明亮程度，使整个画面既沉稳又跳跃。

图 6-12　版式的点缀色 3

图 6-13　版式的点缀色 4

不是所有的点缀色都是五彩斑斓的，有些色彩的点缀色可以直观看出甚至是以无彩色作为点缀色。当然这样的情况要以有彩色作为背景来衬托，若背景也为无彩色，则无彩的点缀色只能作为辅助色，如图 6-14。该版式以黄色作为背景色，可以明确黄色为版式的主

图 6-14　版式的点缀色 5

体色，而版式中插入的图片呈现出无彩式样，再加上黑色的字体以及页面页眉处的白色线条，在黄色背景的衬托下显得格外突出。有了无彩色

的融入使版面变得丰富起来，因此该版面中的点缀色为无彩色。

三、色彩的视觉效应

（一）色彩的冷暖概述

色彩本身没有冷暖轻重之分，随着人意识的形成，人们在主观上对色彩呈现的感受进行了划分，色彩的冷暖渐渐地由人的主观意识变成了人类的客观存在。例如饮水机上红蓝按钮，即使没有任何文字和图形的标明，人们也能够清楚地辨别冷水和热水。色相上的红、黄、橙带给人温暖的气息，绿、蓝、紫带给人凉爽感。

色彩轻或重的感觉来源于人的视觉心理感受和受作用物体自身的明度数值。淡黄、青绿、天蓝等明度高的颜色会呈现出轻飘飘的感觉，而深蓝、赭石、墨绿等明度低的色彩会呈现出沉重的感觉。

色彩也能够带给人心理情感的变化，亮丽的色彩常常使人感到心情愉悦，振奋人心。深沉暗淡的色彩常常让人感觉心情压抑，能够稳定人的情绪。以节日庆祝为主题的版式大多选用红色、黄色这样的明亮色彩来装饰，营造喜庆的氛围，如图6-15。而祭祀活动的版式大

图6-15 版式的色彩1　　图6-16 版式的色彩2

多是用黑白色或相对素雅的色彩来装点，充满凝重感，如图6-16。除了

色系外，色彩的明度和纯度也能够对人产生情绪上的影响，高明度产生兴奋感，中、低明度产生沉静感，在明度的基础上，纯度越低，沉静感越强，纯度越高，兴奋感越强。

（二）色彩的前进感与后退感

人眼对事物距离的变化比较敏锐，不过它不能调节波长细微的不同。人眼在观看波长不同的物体时，光波较长的色系形成的是内侧影像，光波较短的色系形成的是外侧影像，因此可以说明暖色为什么容易给人带来前进感，冷色常常带给人后退感。一般来讲，对比强烈、纯度高、色彩明快的颜色有前进感，对比度微弱、低沉、压抑的色彩有后退感，如图 6-17。

（三）色彩的膨胀感与收缩感

色彩也能够呈现出膨胀感与收缩感，以灯泡为例，运行的灯泡相比于闭合的灯泡其轮廓要模糊，使物体有一种膨胀感。但冷色系的物体影像就比较清晰，具有收缩性，因此当人长时间面对暖色系（如黄色）的版式页面时，常常会产生眩晕或浮躁感，如

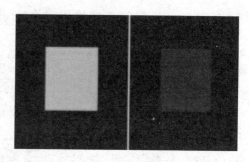

图 6-17　色彩的冷暖感受

果在视野中增加冷色系的色彩配比，其不适感会大大减少，而且错视现象会大大增加，这也是色彩对比的作用。但是色彩轮廓的定义要建立在背景色柔和的情况下，若背景色为黑色，则冷暖色的物体轮廓清晰度相反。这是因为黑色偏向于冷色，在暖色的对比下能够起到衬托的作用，而在冷色的对比下会产生一种柔和的效果，如图 6-17。不过无论背景有

什么样的变化，其色彩的膨胀感与收缩感始终由冷、暖色的本身属性所决定，环境对其影响不大。

（四）暖色与冷色的视觉效果

暖色一般指红色、黄色、橙色等波长较长、色彩较明亮的颜色。版式设计中的暖色具有一定的前进感和膨胀感，能够使色彩作用的物体突出并让人产生愉悦感，暖色调通常被应用在以食物为主题的版式设计中。经研究表明，暖色调可以刺激人的食欲，这也就解释餐厅的布局为什么多以红色、橙色和黄色为主，如图 6-18、图 6-19。图 6-18 所示的版式设计以小笼包为食物的主体，一般情况下小笼包的色彩为米白色，也就是版式中第四个主图所呈现的色彩，但是若版面中全部以这样的色彩填充，很难第一时间抓住读者的目光。然而画面从第一个主图出发，选用了黄色的食物占据在照片的正中央，与之呼应的是第三张图片中汤勺内的食物，使黄色在整个版式中尤为突出，再加上汤勺周边的橙色、绿色、红色等明艳的色彩配合以及第二张主图呈现的橙色大大提升了画面的明亮度。虽然该版式的内容为小笼包，但与之相配的食物通过多样的颜色为画面注入了愉悦的氛围。图 6-19 展示的是一个以披萨为主题的版式设计，

图 6-18　版式中的暖色视觉效应 1

图 6-19　版式中的暖色视觉效应 2

以黄色作为版式的背景色，红色、橙色、米色等色彩填充在画面的正中间，再加上卡通图案的设计，使整个版式营造出一种积极快乐的视觉体验。

冷色一般指蓝色、紫色、绿色等波长较短、颜色较沉稳的色彩。版式设计中的冷色具有一定的后退感和收缩感，能够使色彩作用的物体缩小，从而在视觉上增加空间面积，冷色调通常被应用在以时尚、科技、奢侈为主题的版式设计中。冷色调可以平稳人的情绪，尤其是蓝色，充满神秘气息，同时能够激发人们的探索欲望，如图 6-20。该版式设计以深蓝色为主题背景，画面中圆形环状圈充盈在画面的正中间，圆球造型的图形零星散落在圆环上，加上冒蓝的白色灯光映衬，使整个版面空间感十足，充满神秘色彩。蓝色与紫色是时尚的代表，蓝紫色的式样呈现出一种奢华内敛的时尚感，如图 6-21。该版式以蓝紫色调为主体色彩，但色彩的运用上采用了渐变原理，紫色的方块形态在版式中尤为突出，与画面上部中间映射的紫色光芒产生了呼应。与此同时，在深色的背景上，白色的字体和插图提亮了整个版面的视觉效果，使其看上去饱满丰富且内敛优雅。

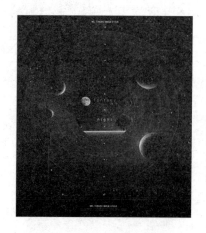

图 6-20　版式中的冷色视觉效应 1

图 6-21　版式中的冷色视觉效应 2

第二节 色彩搭配的常用法则

一、同类色搭配法

同类色就是我们常说的同色系中的色彩，如草绿、翠绿、橄榄绿、墨绿、深绿等都可称为绿色系。在同一色相的配置中，虽然它们都属于一个基调，但是在色调冷暖、明暗和浓淡上却有或大或小的差距。除此之外，不同色调中的色彩也有相对应的同类

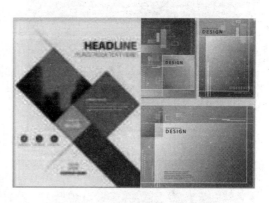

图 6-22 版式中的同类色搭配 1

色属性，如薄荷绿色，虽名称上属绿色系，但它与浅蓝色搭配在一起十分和谐，再如粉红色与紫色，虽然一个为暖色一个为冷色，但是搭配在一起却可以表现出柔和的渐变效果，如图 6-22。图 6-23 版式以出血图形的形式呈现。画面展现的是一幅生态景观图，绿色为主色调，版面的颜色根据从左至右的方向依次为橄榄绿、草绿、鹅黄。虽然画面中有黄色的成分，但是与鹅黄色接近的草绿色偏向于黄绿色，黄绿色中黄色有黄的属性，属于同类色。所以黄色并不会影响整体画面所呈现出来的绿色效果，反而为其提升了明亮度。右版面主要呈现为橄榄绿色，但是仔细观察发现该画面中存在多种色彩，包括浅绿、草绿、蓝绿、深绿等，其

都有绿色的属性，所以整个画面给人一种和谐稳定的视觉效果。图 6-24 展现的画面色彩侧重于蓝绿色。该版面中的绿色主要包括深绿、墨绿、橄榄绿、蓝绿、青绿以及浅青色，其中橄榄绿与蓝绿色作为中间色，深绿色和墨绿色为画面营造了沉稳的空间。然而浅青色虽然不属于绿色，但是它在浅绿色的衬托下能够起到提亮色调的效果，因此该画面稍微会呈现出偏蓝的视觉效果，但是整体上色彩相对统一。

图 6-23　版式中的同类色搭配 2　　　　图 6-24　版式中的同类色搭配 3

二、邻近色搭配法

图 6-25　版式中的邻近色搭配

邻近色是指在色环上相隔 30°左右的颜色，如红与黄与橙、蓝与绿与紫。通常情况下邻近色的搭配也能够为整个版面营造一个和谐、统一的氛围，但是一般情况下颜色的数量不要过多，3～5 种为宜。图 6-25 展示的版式设计中选用了邻近色作为色彩搭配。黄色作为版式的背景色，占据画面的大部分空间，中间充盈着红色的字体。红色、黄色属于邻近色，所以两色搭配起来并没有特别突兀的感觉。版面中白色的加入提亮了画面的整体效果。一般情况下无彩色作为辅助色协助邻近色彩搭配，从而形成饱满的视觉效果。版面中若以邻近色为搭配，其色调多为暖和冷两类色调。除了色环上相邻的色彩外，选用其他色彩尤其是冷暖类别不同的颜色进行搭配会改变画面原本要呈现的色彩效果，若继续选用邻近色进行搭配，则视觉上或多或少存在一些单调性，因此无彩色的加入是最佳的选择。

三、对比色搭配法

对比色相是两种以上不同个性的色彩对抗的程度，但色彩双方不包括对方的色素，形成强烈、鲜明的环境个性。色环中相隔 120°～150° 的色彩属于对比色。对比色能对平面内的空间面积进行划分，借助冷暖对比凸显物体的前进与后退感。上一节我们提到暖色调容易产生前进感，而冷色调容易产生后退感，运用到版面中如图 6-26，该版式用紫色和橙色作为背景色，其中橙色占据画面五分之三，紫色占据五分之二。根据人眼的视野范围规律，暖色调处于画面的中下方，冷色调处于画面的上方，再加上冷暖色彩的前进和后退效应对比，使该版式中的橙色有即将蹦出画面的视觉膨胀感，而紫色则有一种平稳的后退感。紫色与橙色的色彩对比较为明显，除了橙色与紫色外，橙色与蓝色的视觉效果也能够迸发出强烈的对比效应。这主要是因为紫色与蓝色属于邻近色，其色彩的色质属性相差不大，如图 6-27。该版式以橙色为背景色而蓝色则为版式拍摄的背景色。通过明亮的橙色与宝石蓝对比，橙色则显得更加耀眼，富有立体感。除了图 6-27 的色彩相对明艳外，明度和纯度较低的颜色搭配在一起是否也能呈现出这样的效果呢？

图 6-26　对比色搭配 1　　　　　　　　　　图 6-27　对比色搭配 2

图 6-28 的版面中以深蓝色和橙色为背景色彩，该版式中的蓝色与橙色明度相对较低，但是版面上方的橙色以及版面下方蓝色皆表现出了色调属性的前进后退感。因此，我们可以得出：无论明度和纯度的数值如何变化，其色彩的冷暖属性不会有过多的影响。当然这种情况是建立在能够分辨出色彩本质属性的基础之上，若色彩的纯度和浓度数值过低，无法用肉眼直接看出色彩的本质，那么这样的对比色应用则毫无意义。

图 6-28　对比色搭配 3

四、互补色搭配法

关于互补色有一个直接的判断方式，将两个颜色融合在一起，如若出现黑灰色，便可将二者称之为互补色。色盘中互补色相隔180°，因为角度最大，所有互补色给人的视觉冲击力也最为强烈，常见的对比色有橙与蓝、红与绿等。相比于对比色，互补色的视觉冲击感更加强烈。在色环上虽然紫色和蓝色属于邻近色，但是应用在版式设计中也要考虑明度和纯度的关系，也就是说邻近色的范畴仅限于深色调或浅色调。若明度较低

图 6-29　互补色搭配 1

的紫和深蓝色碰撞，则很难产生邻近色所具备的和谐效果。图 6-29的版式设计中的背景色为深蓝，其蓝色的框架内紫色的方形边框为黄色字体的添加奠定了基础，黄色与蓝色的搭配具有强烈的视觉效果，特别是蓝色在下，明黄色在上的搭配形式。虽然瞩目性强，但强烈的对比往往会呈现出突兀的视觉感受，因此用明度较低的紫色作为中间色，在黄色与蓝色之间起缓冲作用，在视觉上既丰富了画面色彩效果，降低了色彩的突兀感又没有破坏该版式引人注目的特质。互补色的运用不一定需要其他辅助色彩进行协调，适当对色彩的明度和纯度进行降低或提升也能够使互补色产生和谐的搭配效果，如图 6-30，该画面中的背景色为红色和绿色，色彩与圆点的形式呈现，其色彩的明度偏低，搭配在一起并没有明度适中产生出来的强烈对比感，反而营造出了一种相对柔和、舒适的

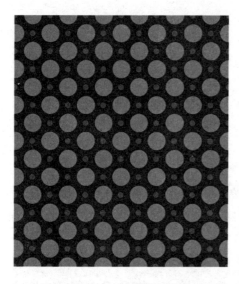

图 6-30　互补色搭配 2

画面效果。

五、无彩色搭配法

无彩色中包括黑、白、灰三色，其中灰色有无数种，主要由明度和纯度来控制。版式设计中的无彩色应用一般分为两种，一种是直接用无彩色作为画面的主色调，另一种是用无彩色作为辅助色衬托其他色彩。黑色象征着力量，同时也寓意着神秘、黑暗、邪恶。版式设计中的黑色通常用来表现庄严、奢华、肃静、深沉。白色象征着洁白、纯净、正义、神圣。版式设计中以无彩色作为主题色彩应用，通常伴随着黑、白、灰三色一起，甚少出现全黑色或全白色的画面，因为除了纯色外选用任何一种颜色作为背景势必对画面做出空间划分，若以黑色或白色为主则必须对这两个色的明度和纯度进行调整，只要色彩在数值上有所变化，那么一定会出现灰色，如图 6-31、图 6-32。这两个版式主要以无彩色作为主体色，但是在应用上一个色彩对比分明，一个色彩相对柔和，版面中若明确将黑、白、灰三色的界限划出则能够彰显出强烈的时尚气息，如图 6-31 所示。若将黑、白、灰三色进行过渡处理则能增强版面的柔和感，这样的色彩处理一般用于背景过渡或出血图形中。虽然色彩对比不是十分强烈，但是整体画面十分自然，不过这样的色彩应用方式也容易让人产生压抑的心理，因为色彩分布得相对柔和既给读者一种可以仔细品味的心理感受，但又由于黑、白、灰本身的单调感明显，常常带给人低落的心理暗示，如图 6-32 所示。而棱角分明的色块处理方式会直接冲击读者的视线，个性感极为强烈，以至读者还没来得及仔细思考先被强烈的对比效果震撼。

图 6-31　版式中的无彩色搭配 1

图 6-32　版式中的无彩色搭配 2

　　黑色与白色都是版式设计以辅助形式出现次数最多的颜色，因为这两个颜色作为背景有着较高的可塑性，如图 6-33。该版式以黑色为画面背景，在黑色的背景上大多数颜色可以显得特别明艳。从我们日常外

图 6-33　版式中的无彩色搭配 3

卖打包餐盒也可以看出，让同样的菜肴颜色在白色餐盒中与在黑色餐盒中所呈现出来的美味效果完全不同。图 6-33 的版式设计中，黑色为背景，白色字体在黑色的背景上显得格外突出，而多彩的图片正好协调了黑与白之间强烈的互补效果，增强了版式的空间感。以黑色为背景的版式设计多以神秘、惊悚、时尚等类别为主题。而白色作为版式背景的可塑空间更大。除了常见的白底黑字式样的版式外（图 6-34），在白色的背景上插入适当大小的食物照片也能够体现出菜肴的美味效果。白底黑字式样的版式虽然看上去工整、严谨，能够适用于多数版式内容，但属于

无功无过的类型，难以满足现代社会中读者多样的阅读心理需求，这样的版式基本上出现在文档管理类的版式主题中。白色为底的版式背景能够为读者营造一种清新、愉悦的心理感受，这主要来源于白色本身洁净、清爽的色彩属性，如图 6-35，该版式为菜单设计，白色为底，白色背景为食品营造了一种干净卫生的心理感受。刚刚我们提到饭菜的餐盒多选用黑色，而这里的菜单版式设计以白色为主，这主要是因为黑色更加适用于较小的物体，而白色既可以适用于较小的物体又适用于较大的物体上。黑色本身具有压抑的气质，若将其作为菜单的页面色彩难免会显得有些压抑，而白色则会展现出明亮的视觉效果，能够在程度上满足消费者卫生饮食的心理需求。

图 6-34　版式中的无彩色搭配 4

图 6-35　版式中的无彩色搭配 5

六、金属色搭配法

金属色在版式设计中多以辅助色的形式出现，其辅助的色彩可以是无彩色也可以是有彩色。金属色作为色彩搭配主要依据金属的本身色彩与版式背景色彩的一致性，若金属色为银色，则不适宜与白色或浅色等背景色进行搭配；如金属色为金色则不适宜与黄色进行搭配，主要是为了使金属色与背景色能够形成强烈的色彩反差，若背景为黑色则金属中的任何一个色彩都能在黑色背景上展现自身的色彩属性特点，如图 6-36。

图 6-36　版式中的金属色搭配

第三节　色彩在版式设计中的运用

一、色彩的象征意义

（一）红色

在众多的色彩中，红色（图 6-37）是最醒目的色彩。提起红色，人们会联想到炎热夏季、燃烧的火把、呛人的辣椒、涌动的血液等，这些都能瞬间调动人的心理情绪。

图 6-37　红色 1

不同的人面对红色时的心理感受是不一样的。以回馈消费者的礼品包装盒为例，假如面向的客户是黏液型气质，每天郁郁寡欢，遇事不爱宣泄，对于这类人群来说，红色代表着积极与活力，能够无形中赋予客户力量，让他的精神状态变得兴奋、活跃起来。倘若客户自身是胆汁质气质，红色对于这类人群有刺激作用，能加强其兴奋感或躁动感，因此产品的版式空间宜选择一些能够产生镇静的冷色系装点空间。

作为感染力最强的色彩，红色除了能够调动人的快乐或烦躁的情绪外，在味觉上也能对人产生或多或少的影响。所以餐厅菜单可用红色装点，可以刺激人的食欲，研究表明暖色调能激发食欲，而红色是暖色调之首，又是餐桌菜肴中色彩占比较高的颜色之一，会在潜移默化中调动消费者的胃口，如图 6-38。

图 6-38　红色 2

（二）黄色

黄色（图 6-39）是色彩三原色之一，是大自然固有的色彩。在所有色彩中，黄色的光感和活跃感最强，被应用的领域也相对宽泛。在我国古代，黄色是财富和权力的象征，黄色只能用于王公贵族的宅邸和服饰之中。如今，黄色能够被所有人选择。但是耀眼的黄色也容易人产生一种负面情绪，如嫉妒、吝啬等。以黄色为主体色的版面设计多以儿童、卡通或奢华、富贵为题材，如图 6-40。

图 6-39　黄色 1

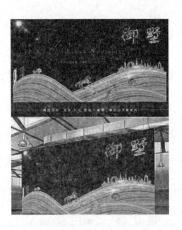

图 6-40　黄色 2

（三）橙色

提起橙色（图 6-41）人们常能联想到硕果累累的秋季、温暖的太阳、美味的佳肴等。橙色同红色一样都是热情、繁荣的代名词，由于象征感过于强烈，所以在应用上同红色一样，不宜使用过多，特别是对于神经紧张、易怒、精神状态不稳定的人群而言。不过橙色作为招贴海报的背景是极佳的色彩选择，因为它既不会向红色一样有强烈的冲击力又不会向黄色一样过于刺眼，它介于红和黄之间，相对柔和但有兼具二色的属性，如图 6-42。

图 6-41　橙色 1

图 6-42　橙色 2

（四）绿色

绿色（图 6-43）是自然界中最常见的颜色，提起绿色人们会想到茂盛的大树、酸涩的果子、灵动的水藻等。绿色代表健康，能够赋予人希望，同时绿色也是极其舒适的色彩，例如，人长时间用眼后看绿色的事物能够缓解视觉疲劳，因此绿色特别适用于版式面积过大的设计中。绿色是一种稳定的中性色彩，没有特定的适用人群，无论是男性还是女性、老人还是儿童，绿色都可算得上适宜的设计色彩。绿色同时也是希望和活力的象征，在版面中绿色是十分醒目的色彩，如图 6-44 招生海报，寓意着该招生单位的蓬勃发展。

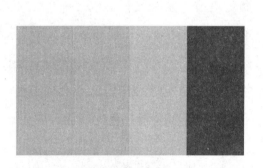

图 6-43　绿色 1

图 6-44　绿色 2

（五）蓝色

自然界中蓝色（图 6-45）是占比面积最大的色彩。提到蓝色，人们首先会想到湛蓝的天空和蔚蓝的大海，进而联想到宇宙、科技等，是自由、广阔的象征。但是，蓝色的注目性和识别性不强，常常让人感觉到高远、深邃。蓝色能够起到镇定安神、舒缓紧张情绪的作用，因此，蓝色在版式设计中多用于企业官网或企业宣传手册等相对严谨的主题内容中，如图 6-46。

图 6-45 蓝色 1

图 6-46 蓝色 2

图 6-47 紫色

（六）紫色

紫色在所有颜色中波长最短，紫色其实并没有特别多的色彩类别，整体上可以将紫色分为淡紫色、玫瑰紫、正紫色、深紫色四种，代表着神秘、雅致，常常给人留下高贵、奢华、浪漫的印象，通常被应用到与女性相关的设计中。此外，紫色绚丽，具有时尚气息，紫色与粉色是邻近色，与粉色搭配有着时尚绚丽的效果，娱乐氛围浓烈，如图 6-47。

二、色彩传递的品牌特色

美国营销界曾提过一个"七秒定律"理论，指的是让消费者在 7 秒内决定对商品的购买意愿，在这几秒内产品的色彩影响占据了 67％，因此各企业开始关注产品的色彩运用。以苹果公司的标志为例，苹果公司最初的标志有 6 种颜色，如图 6-48，从视觉上看，彩色的标志具有注目性，但是相比识别度而言彩色的标志很难在消费者心中占有一席之地，后来苹果标志的色彩经过一系列的改变，最终以白色定格。白色象征着高端、优雅与时尚，白色的视觉元素也为苹果品牌奠定了较高的识别度。白色品牌印象为消费者提供了购买理由，让消费者心中存在一种购买苹果就是高端和身份代表的消费心理，但是随着国产品牌的崛起，以白色为品牌特色的购买理由也渐渐被削弱了。

色彩能够为企业带来一定的影响力，特别是相似度很高的商品，能够通过色彩明确划分出品牌与品牌之间的区别。例如，可口可乐公司与百事可乐公司的产品包装色彩，如图 6-49，两家企业充分发挥了色彩营销的特点，无论是从产品的包装还是广告语甚至是广告情节故事都将颜色展现到了极致，每当消费者提起两家公司的产品时首先想到的并不是商品口味上的细节差异，也不是品牌设定的营销策略，消费者首先想起的是通过这两个品牌的 Logo、广告语以及故事情节所呈现出来的色彩特征，即红色的可口可乐、蓝色的百事可乐。红色象征着热情与活力，可口可乐以此为包装充分发挥了产品带来的刺激感，注重味觉上的激情。

蓝色象征着凉爽、镇定，百事可乐产品以蓝色为包装，象征着产品所营造的夏日冰镇凉爽感，能够使心理上舒适。不同的企业通过产品的包装在营销界产生了不可撼动的绝对优势，也通过色彩的差异传递出了品牌特色。

图 6-48 苹果品牌各年份标志

图 6-49 可口可乐与百事可乐

图 6-50 宝矿力水特版式

很多饮料品牌都偏向于蓝色的包装设计，但是在产品包装的发展过程中或多或少会对色彩进行一些改变。有些品牌对色彩始终保持着如一的态度，例如，电解质饮料品牌宝矿力水特，如图6-50，该产品的包装全部以蓝色为主，无论是宣传海报、广告设计以及故事背景始终专一于蓝色，这一点主要取决于产品的本质，该产品属于电解质补充饮料，不添加任何其他物质。蓝色又代表着天然与健康，贴合品牌所宣传的产品定位，符合消费者的购买心理，因此蓝色的包装为其收获了良好的销售效果。

三、色彩所赋予的时代感

色彩具有时代感特征，在大多数的国家和地区中，人们会随着时代的发展对自身的穿衣风格以及审美品味产生变化，这一点可以通过色彩展现出来，例如，每一年都有流行色，流行色的运用不仅仅体现在服装上，也体现在生活用品、日常装扮等琐碎的地方，如图 6-51。

图 6-51　色彩所赋予的时代感 1

该版式中图片的人物采用了极为夸张的颜色渲染，苍白的脸庞为画面带来了较高的吸引力，然而这样的装扮或许是体现了民族文化，或许是贴合当时的社会审美，但无论是哪一种，其色彩背后的运用都有时代的印记。除了人在主观上对色彩赋予时代感外，技术上也能够使色彩拥有年代的属性，如图 6-52。该版式设计以两个人物为页面的主要元素，其人物的皮肤呈现了橘棕色，通过人物的服装以及背景色调可以看出该人物所处的年代大致为 20 世纪。由于 20 世纪技术相对薄弱，其摄影技法在色调上很难做到精准复刻。因此，作品大多会呈现出一种橘棕色调的复古感。随着科技水平迅猛发展，我们拍摄的照片达到了精准还原且具备多种滤镜选择的状态。为了展现出时代感，除了照片内容的客观还原外，对于滤镜的应用也可以赋予其主观色彩，例如，黑白色的照片象征着历史与过去，对于历史故事以及历史人物叙述等题材的版式，运用黑白色的照片能够贴合版式内容主题，使读者未读文字先了解版式内容所要传达的意境，如图 6-53。

图 6-52　色彩所赋予的时代感 2

图 6-53　色彩所赋予的时代感 3

第四节　版式设计中的色彩搭配原则

一、依据产配属性进行色彩搭配

　　人受到社会生活的影响会对某些事产生兴趣或厌恶的心理，其情绪也可以牵引到色彩上，如厌恶的人穿了件红色的衣服，可能某一瞬间对红色也产生了厌恶的心理。而看到五星红旗内心油然而生的自豪感，又会对红色产生热爱之情。一个人对某种色彩产生了好奇或兴趣，就可以激发他的购买欲望，从上一节提到的流行色或者是极度色上看，产品的色彩也会对部分消费者产生一定的吸引力。提到这里，大家不妨回想一下自己有没有因为特别中意一种色彩而购买与之相关的产品。同一种商品以不同色彩进行包装是商品最常见的一种手段，同时也能够从不同角度吸引消费者。例如鸡尾酒，市面上针对不同味道的鸡尾酒会设计不同的色彩，如图 6-54。该品牌为 RIO 鸡尾酒的产品宣传照，产品选用了透明的玻璃瓶进行包装，透过玻璃瓶能够看到不同产品配置的颜色，这些颜色大多是根据产品配置的属性决定的，例如，粉色代表桃子味道、绿色代表苹果味道、紫色代表葡萄味道等，这样的色彩搭配不仅仅为消费者提供了宽泛的选择空间，同时也促进了销售数量的增长。很多人表示愿意通过购买多种味道来感受彼此间的不同，这样相比于单一包装色彩的商品更具有诱惑力。也有很多消费者表示虽然不喜欢鸡尾酒的口感，但是由于其包装精美、颜色多样，认为将其作为

图 6-54　色彩产配属性搭配 1

图 6-55　色彩产配属性搭配 2

装饰品摆放在家中也是一个不错的选择，但其实他们并不是对产品感兴趣，仅仅是对产品的包装颜色感兴趣。当然，对一个产品下属的不同种类可以用不同的颜色形成系列包装。除了鸡尾酒品牌外，农夫山泉的维他命水也是通过不同颜色来体现不同的口味，如图 6-55，这样的配色形式在包装领域十分常见，但是其色彩选择基本上以产品配置的属性来进行搭配。

二、依据消费群体进行色彩搭配

孩童时期，人对色彩十分敏感，他们在对产品进行挑选时会将注意集中在彩色的物品上，而对比强烈的色彩比对比较弱的色彩更具有诱惑

力。从孩童的这一视觉出发，产品的版面设计应多以明度较高和纯度较高的色彩为主，并配合一些冒险刺激且能够激发他们兴奋心理情绪的故事卡通形象、造型等进行设计，除了卡通人物外，色块面积较大的颜色也能够抓住孩童的目光，特别是黄色，黄色的波长较长，色彩亮丽，相比于其他颜色更具备注目性效果，能够直击孩童的视线，如图 6-56～图 6-58。

图 6-56　依据消费群体搭配 1

图 6-57　依据消费群体搭配 2　　　　图 6-58　依据消费群体搭配 3

青年时期，人的思想意识逐渐拓展，善于追求创新和时尚，因此对版面的色彩要求较高，色彩的运用上多以新奇、潮流和标新立异为主，这也符合该年龄阶段的消费群体的个性心理特征。此外，青年人热情奔放，对未来充满憧憬，都市生活以及自然景观的场景图片也满足了他们对当下生活以及对未来生活的渴望和期许，因此在图片的选择上也可以选用相关的图片作为版式设计，但是色彩上主要依据图片内容设定，整体展现出积极的生活态度，如图 6-59～图 5-61。

图 6-59　依据消费群体搭配 4

图 6-60　依据消费群体搭配 5

图 6-61　依据消费群体搭配 6

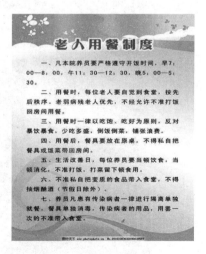

图 6-62　依据消费群体搭配 7

老年人独立性较强，通过对色彩的感知能够联想到生活故事，老年人在日常生活中更加注重舒适感，因此，版面中一些颜色过于明艳或刺激的色彩容易对他们造成紧张的情绪，因此在设计中应该多以高雅、朴素、宁静的色彩为主，例如，淡蓝、淡粉、淡黄等。除此之外，绿色是版式设计中通用的色彩，因为绿色象征着自然、环保，无论颜色的深色调还是浅色调都能够呈现出一种祥和、愉悦的心理，如图 6-62。

三、依据设计主题进行色彩搭配

版式的色彩可以依据主题内容进行颜色搭配。每逢节日来临之际，商场往往会招贴符合节日活动的宣传海报，除了图案外，色彩也是占据主题内容的元素之一，例如圣诞节，圣诞节是西方的节日，在色彩上常常会以红色和绿色来装点，如图 6-63。该版式是一家商店以圣诞主题为元素进行设计的产品宣传海报，红色充盈在画面中间，在页面的边角处也能够看到绿色的身影，再加上白色的食物、食物上标记圣诞的英文字母，在食物背景透射的温馨灯光中营造出了一种冬日幸福感。食物的颜色来源于本身的配置属性，关于食物的版式设计基本上以色彩明艳的配置为主，如图 6-64，这两个版式都以食物为主题元素，色彩的配比上基本都是以暖色调为主。绿色的色彩种类相对较多，浅绿色偏向于暖色调、深绿色偏向于冷色调，但就绿色整体而言，它属于一种中性色彩，因为它象征着自然、健康，因此用绿色进行搭配也体现了食品的健康特征，是各餐厅在产品宣传中追求的一种画面意境。食品的宣传海报主要以明艳为主，目的是刺激消费者的视觉，从而产生食欲感。

图 6-63　依据主题内容搭配 1　　　　　图 6-64　依据主题内容搭配 2

　　明艳的色彩能够吸引大众的目光，这一点在海报设计中尤为突出，海报本身的目的是吸引群众的目光，无论内容如何都要保证版式的色彩能够第一时间冲入观众的视野中去，如图 6-65。该版式为宣传海报，红色充盈在画面的中间，黑色以渐变的形式向中间扩散，有了边框的黑色更加突出红色的耀眼，再在版面中加入白色的文字点明版式的主题内容，总体上看形成了一种色彩和谐的视觉效果，如图 6-66。该版式为报纸设计，主题以运动、比赛为主，运动象征着活力、激情，色彩上选用了橙色作为主色调，给读者呈现出了一种阳光、激情澎湃的视觉心理。

　　不同的设计主题决定了版式的色彩。图 6-65 为才艺表演，具有一定的竞争性，能够通过色彩带动表演者和群众的氛围，而有些主题则不适用过于鲜艳的色彩，例如卫生、健康等题材。图 6-67 展示是一家口腔医院的宣传海报。蓝色具有镇定舒缓心境的作用，我们通过医院工作人员的服装以及装饰色上便可看出医院整体营造的是一种安静、平和的氛围，因此该版式用蓝色、绿色等相对柔和的色彩作为背景，贴合版式所表达的主题内容。

图 6-65　依据主题内容搭配 3　　图 6-66　依据主题内容搭配 4　　图 6-67　依据主题内容搭配 5

第七章
现代版式设计应用赏析

本章主要介绍各类别设计在现代版式中的应用，主要涉及书籍、期刊杂志、报纸、产品、网页、名片以及招贴等七个类别，筛选了大量的优秀版式设计作品，供读者欣赏。

第一节　书籍类

第二节　期刊类

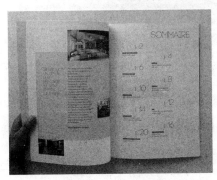

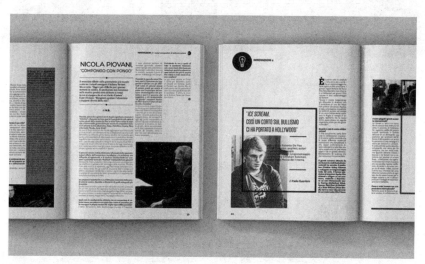

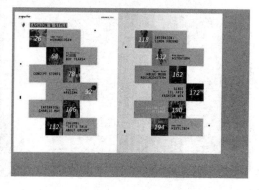

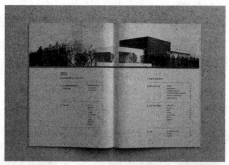

第三节　报纸类

第四节　产品类

第五节　网页类

— 1

what we do.

cropmark is a full-service creative studio based in Luxembourg and
Brussels. With more than 20 years of experience in brand creation and
communication design, we deliver for all sectors and disciplines - offline
and online.

2
projects.

第六节　名片类

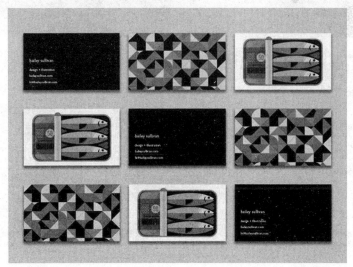

第七节　招贴类

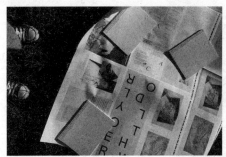

参 考 文 献

[1]马建华.版式设计中的视觉流程[J].包装工程,2008,29(6):3.

[2]胡卫军.版式设计从入门到精通[M].北京:人民邮电出版社,2017.

[3]易峰教育.版式设计原理与实践[M].北京:文化发展出版社,2012.

[4]张红宇.图书版式设计的多元化及认识的理性回归[J].出版科学,2005(6):3.

[5]蒋杰.版式设计的新领域——互动版式设计[J].南京艺术学院学报:美术与设计版,2002.

[6]蒋杰.版式设计的新领域——互动版式设计[J].南京艺术学院学报:美术与设计版,2002.

[7]侯云.浅谈版式设计[J].科技与出版,1993(3):2.

[8]刘长新,李佩.版式设计课程互动版式案例教学研究与实践[J].高教探索,2016(S1):2.